確率
第2版
統計

上野 健爾 監修
工学系数学教材研究会 編

PROBABILITY
AND STATISTICS

森北出版

監修の言葉

　「宇宙という書物は数学の言葉を使って書かれている」とはガリレオ・ガリレイの言葉である．この言葉通り，物理学は微積分の言葉を使って書かれるようになった．今日では，数学は自然科学や工学の種々の分野を記述するための言葉として必要不可欠であるばかりでなく，人文・社会科学でも大切な言葉となっている．しかし，外国語の学習と同様に「数学の言葉」を学ぶことは簡単でない場合が多い．とりわけ大学で数学を学び始めると高校との違いに驚かされることが多い．問題の解き方ではなく理論の展開そのものが重視されることにその一因がある．

　「原論」を著し今日の数学の基本をつくったユークリッドは，王様から幾何学を学ぶ近道はないかと聞かれて「幾何学には王道はない」と答えたという伝説が残されている．しかし一方では，優れた教科書と先生に巡り会えば数学の学習が一段と進むことも多くの例が示している．

　本シリーズは学習者が数学の本質を理解し，数学を多くの分野で活用するための基礎をつくることができる教科書を，それのみならず数学そのものを楽しむこともできる教科書をめざして作成されている．企画・立案から執筆まで実際に教壇に立って高校から大学初年級の数学を教えている先生方が一貫して行った．長年，数学の教育に携わった立場から，学習者がつまずきやすい箇所，理解に困難を覚えるところなどに特に留意して，取り扱う内容を吟味し，その配列・構成に意を配っている．本書は特に高校数学から大学数学への移行に十分な注意が払われている．この点は従来の大学数学の教科書と大きく異なり，特筆すべき点である．さらに，図版を多く挿入して理解の手助けになるように心がけている．また，定義やあらかじめ与えられた条件とそこから導かれる命題との違いが明瞭になるように従来の教科書以上に注意が払われている．推論の筋道を明確にすることは，数学を他の分野に応用する場合にも大切なことだからである．それだけでなく，数学そのものの面白さを味わうことができるように記述に工夫がなされている．例題もたくさん取り入れ，それに関連する演習問題も多数収録して，多くの問題を解くことによって本文に記された理論の理解を確実にすることができるように配慮してある．このように，本シリーズは，従来の教科書とは一味も二味も違ったものになっている．

　本シリーズが大学生のみならず数学の学習を志す多くの人々に学びがいのある教科書となることを切に願っている．

上野　健爾

まえがき

工学系数学テキストシリーズ『基礎数学』,『微分積分』,『線形代数』,『応用数学』,『確率統計』は，発行から7年を経て，このたび改訂の運びとなった．本シリーズは，実際に教壇に立つ経験をもつ教員によって書かれ，これを手に取る学生がその内容を理解しやすいように，教員が教室の中で使いやすいように，細部まで十分な配慮を払った．

改訂にあたっては，従来の方針のとおり，できる限り日常的に用いられる表現を使い，理解を助けるために多くの図版を配置した．また，定義や定理，公式の解説のあとには必ず例または例題をおいて，その理解度を確かめるための問いをおいた．本書を読むにあたっては，実際に問いが解けるかどうか，鉛筆を動かしながら読み進めるようにしてほしい．

本書は十分に教材の厳選を行って編まれたが，改訂版ではさらにそれを進めるとともに，より学びやすいようにいくつかの項目の移動を行った．本書によって数学を習得することは，これから多くのことを学ぶ上で計り知れない力となることであろう．粘り強く読破してくれることを祈ってやまない．

私たちの身のまわりには，確率で表された数値やデータがあふれている．確率で表されている数値を正しく読み取り，データを意味のある情報とするために，ここで学ぶ確率統計の知識が必要となる．単に数値を求めることだけでなく，その数値の意味を理解し，統計処理の考え方を身につけることが望まれる．

改訂作業においても引き続き，京都大学名誉教授の上野健爾先生にこのシリーズ全体の監修をお引き受けいただけることになった．上野先生には「数学は考える方法を学ぶ学問である」という強い信念から，つねに私たちの進むべき方向を示唆していただいた．ここに心からの感謝を申し上げる．

最後に，本シリーズの改訂の機会を与えてくれた森北出版の森北博巳社長，私たちの無理な要求にいつも快く応えてくれた同出版社の上村紗帆さん，太田陽喬さんに，ここに，紙面を借りて深くお礼を申し上げる．

2023 年 5 月

工学系数学テキストシリーズ 執筆者一同

本書について

1.1	この枠内のものは，数学用語の定義を表す．用語の内容をしっかりと理解し，使えるようになることが重要である．
1.1	この枠内のものは，証明によって得られた定理や公式を表す．それらは数学的に正しいと保証されたことがらであり，あらたな定理の証明や問題の解決に使うことができる．
[note]	補助説明，典型的な間違いに対する注意など，数学を学んでいく上で役立つ，ちょっとしたヒントである．読んで得した，となることを期待する．
☑	推定と検定の手順についてまとめてある．それぞれ適用する公式や，検定統計量，棄却域が条件によって異なるので，しっかりと理解できたかをチェックしてほしい．

内容について

◆統計学は，おもに「記述統計学」と「推測統計学」に分けることができる．第 2 章では記述統計学を，第 3 章では推測統計学を学ぶ．記述統計学は，さまざまなデータからその特徴を読み取る方法であり，推測統計学は，さまざまなデータから未知の母数を推測したり，母数に関する主張を確かめたりする方法である．

　現代は，いたるところにデータがあふれており，そこから何を読み取り，何がいえるのかを判断できることが重要である．

◆第 1 章「確率と確率分布」では，高校までに学んだ確率の基礎から，条件付き確率，ベイズの定理とその応用までを扱う．さらに，確率変数とおもな確率分布について学ぶ．とくに正規分布は，実験の誤差の分布をはじめ，多くの現象がこれに従うことが知られている重要な確率分布である．また，ここで学ぶ内容は，第 3 章「推定と検定」の基礎でもある．

◆第 2 章「データの処理」ではまず，データの整理の仕方，平均や分散，標準偏差の求め方を復習する．そして，2 変数を中心に，多次元のデータの扱い方と性質の調べ方について学ぶ．単に計算して数値を求めるだけでなく，その数値の意味を考え，データについて何が読み取れるかを考察してほしい．

◆第 3 章「推定と検定」では，統計的推定および統計的検定の手法を学ぶ．これらの手法は，製品の品質管理，あるいは選挙速報や視聴率調査などに応用される，技術者にとっては必須の知識である．

　推定や検定のためには，調査から得られたデータの平均や分散がどのような分布に従うかが重要である．またここでは，推定・検定で必要となる代表的な分布も紹介する．

◆本書は授業時間の少ない大学でも確率の基礎から推定・検定までを扱えるように，内容を精選した．本文で扱えなかった内容は付録に収録した．付録にも例題や問いをつけているので，必要に応じて自学自習し，確率統計の理解を深めていってほしい．

◆本書は，表計算ソフトや関数電卓の利用を前提としている．確率統計の考え方や公式の導出を理解したうえで，計算では，これらのツールを活用することを勧める．

◆本書の例，例題および問いで扱うデータは，森北出版の Web サイト

`https://www.morikita.co.jp/books/mid/005752`

に掲載されている．データは，表計算ソフトで扱える形式になっている．必要に応じてダウンロードし，本書の内容のさらなる理解に役立ててほしい．

ギリシャ文字

大文字	小文字	読み	大文字	小文字	読み
A	α	アルファ	N	ν	ニュー
B	β	ベータ	Ξ	ξ	グザイ（クシィ）
Γ	γ	ガンマ	O	o	オミクロン
Δ	δ	デルタ	Π	π	パイ
E	ϵ, ε	イプシロン	P	ρ	ロー
Z	ζ	ゼータ（ツェータ）	Σ	σ	シグマ
H	η	イータ（エータ）	T	τ	タウ
Θ	θ	シータ	Υ	υ	ウプシロン
I	ι	イオタ	Φ	φ, ϕ	ファイ
K	κ	カッパ	X	χ	カイ
Λ	λ	ラムダ	Ψ	ψ	プサイ（プシィ）
M	μ	ミュー	Ω	ω	オメガ

目　次

確率と確率分布

1 確率

1.1 場合の数と確率に関する基本公式

ここでは，高校までに学んだ，場合の数や確率に関する基本的な公式および定理についてまとめておく．

順列と組合せ　　まずは，順列と組合せについて復習する．

1.1　順列の総数

n 個の異なるものの中から r 個を選んで 1 列に並べる順列の総数は，次のようになる．

$$_n\mathrm{P}_r = \overbrace{n(n-1)(n-2)\cdots(n-r+2)(n-r+1)}^{r\,個の積} = \frac{n!}{(n-r)!}$$

とくに，$_n\mathrm{P}_n = n!$ である．

例 1.1　　1, 2, 3, 4, 5 の 5 つの数字から 3 つを選んで作る 3 桁の整数は，全部で $_5\mathrm{P}_3 = 5\cdot4\cdot3 = 60$ 通りある．また，5 つすべてを 1 回ずつ使ってできる 5 桁の整数は，全部で $_5\mathrm{P}_5 = 5! = 120$ 通りある．

1.2　重複順列の総数

n 個の異なるものの中から，重複を許して r 個を選んで 1 列に並べる順列の総数は，n^r である．

例 1.2　　1, 2, 3, 4, 5 の 5 つの数字を用いて，333 や 252 のように，同じ数字を使ってもよいとしたときの 3 桁の整数は，全部で $5^3 = 125$ 通りある．

1.3   組合せの総数

n 個の異なるものの中から r 個を選ぶ組合せの総数は，次のようになる．

$$_n\mathrm{C}_r = \frac{_n\mathrm{P}_r}{r!} = \frac{n!}{r!(n-r)!} \qquad (\text{ただし，} _n\mathrm{C}_n = 1, \; _n\mathrm{C}_0 = 1)$$

例 1.3   一郎，二郎，三郎，四郎，五郎の 5 人から，（一郎，二郎，三郎），（二郎，四郎，五郎）のように，3 人を選ぶ組み合わせは，全部で $_5\mathrm{C}_3 = \dfrac{5 \cdot 4 \cdot 3}{3 \cdot 2 \cdot 1} = 10$ 通りある．

1.4   同じ種類のものを含む場合の並べ方の総数

n 個のものの中に，同じものが p 個，q 個，$\ldots$，r 個ずつあるとき，これらを 1 列に並べる場合の数は，次のようになる．

$$\frac{n!}{p! \cdot q! \cdot \cdots \cdot r!} \qquad (\text{ただし，} p + q + \cdots + r = n)$$

例 1.4   1, 1, 1, 2, 3, 3 の 6 つの数字を並べてできる 6 桁の整数は，全部で $\dfrac{61}{3! \cdot 1! \cdot 2!} = \dfrac{6 \cdot 5 \cdot 4 \cdot 3 \cdot 2 \cdot 1}{3 \cdot 2 \cdot 1 \cdot 1 \cdot 2 \cdot 1} = 60$ 通りある．

1.5   組合せの性質

自然数 n, r について，次の式が成り立つ．

(1) $_n\mathrm{C}_{n-r} = _n\mathrm{C}_r \qquad (0 \le r \le n)$

(2) $_{n-1}\mathrm{C}_{r-1} + _{n-1}\mathrm{C}_r = _n\mathrm{C}_r \qquad (1 \le r \le n-1, \; n \ge 2)$

例 1.5   一郎，二郎，三郎，四郎，五郎の 5 人から 3 人を選ぶのは，選ばれなかった 2 人を選ぶことと同じであるので，$_5\mathrm{C}_3 = _5\mathrm{C}_2 = 10$ が成り立つ．また，この 5 人から 3 人を選ぶとき，一郎が選ばれる場合は，残りの 4 人から 2 人を選べばよいので $_4\mathrm{C}_2$ 通りである．一郎が選ばれない場合は，残り 4 人から 3 人を選べばよいので $_4\mathrm{C}_3$ 通りである．したがって，$_4\mathrm{C}_2 + _4\mathrm{C}_3 = _5\mathrm{C}_3$ が成り立つ．

1.6　二項定理

自然数 n に対して，$(a+b)^n$ を展開したときの $a^{n-r}b^r$ の係数は $_n\mathrm{C}_r$ に等しい．すなわち，次の展開式が成り立つ．

$$(a+b)^n = \sum_{r=0}^{n} {}_n\mathrm{C}_r a^{n-r}b^r$$

例 1.6

$$(a+b)^5 = {}_5\mathrm{C}_0 a^5 b^0 + {}_5\mathrm{C}_1 a^4 b^1 + {}_5\mathrm{C}_2 a^3 b^2 + {}_5\mathrm{C}_3 a^2 b^3 + {}_5\mathrm{C}_4 a^1 b^4 + {}_5\mathrm{C}_5 a^0 b^5$$
$$= a^5 + 5a^4 b + 10a^3 b^2 + 10a^2 b^3 + 5ab^4 + b^5$$

確率　事象 A に対して，A の余事象を $\overline{A}$ で，全事象を Ω で，空事象は $\varnothing$ で表す．また，A が起こる場合の数を $n(A)$，確率を $P(A)$ で表す．

1.7　確率の定義

Ω の根元事象がすべて同様に確からしいとき，事象 A が起こる確率を次のように定める．

$$P(A) = \frac{n(A)}{n(\Omega)} = \frac{\text{事象 } A \text{ が起こる場合の数}}{\text{起こりうるすべての場合の数}}$$

1.8　確率の性質

(1)　$0 \leqq P(A) \leqq 1$

(2)　$P(\Omega) = 1,\ P(\varnothing) = 0$

(3)　（確率の加法定理）　2 つの事象 A, B に対して

$$P(A \cup B) = P(A) + P(B) - P(A \cap B)$$

とくに，事象 A, B が互いに排反，すなわち $A \cap B = \varnothing$ であれば，

$$P(A \cup B) = P(A) + P(B)$$

(4)　$P(\overline{A}) = 1 - P(A)$

例題 1.1 確率の計算 I

2 つのさいころを同時に投げるとき,次の事象が起こる確率を求めよ.

(1) 目の和が 7 となる事象 A　　　　(2) 目の和が 8 となる事象 B

解 2 つのさいころを区別して,目の出方を (a, b) で表す.

(1) 2 つのさいころを同時に投げたときの全事象は $6^2 = 36$ 通りある.事象 A が起こる目の出方は

$$A = \{(1,\ 6),\ (2,\ 5),\ (3,\ 4),\ (4,\ 3),\ (5,\ 2),\ (6,\ 1)\}$$

であり,$n(A) = 6$ である.したがって,事象 A が起こる確率は次のようになる.

$$P(A) = \frac{6}{36} = \frac{1}{6}$$

(2) 事象 B が起こる目の出方は

$$B = \{(2,\ 6),\ (3,\ 5),\ (4,\ 4),\ (5,\ 3),\ (6,\ 2)\}$$

であり,$n(B) = 5$ である.したがって,事象 B の起こる確率は $P(B) = \dfrac{5}{36}$ である.

問 1.1 2 つのさいころを同時に投げるとき,次の事象が起こる確率を求めよ.

(1) 目の和が 5 となる事象 A

(2) 2 つのさいころの目がどちらも偶数となる事象 B

例題 1.2 確率の性質

1 から 100 までの数字が書かれた 100 枚のカードから 1 枚のカードを引くとき,引いたカードの数字が 3 の倍数である事象を A,5 の倍数である事象を B とする.次の確率を求めよ.

(1) $P(A)$　　(2) $P(B)$　　(3) $P(A \cap B)$　　(4) $P(A \cup B)$　　(5) $P(\overline{A \cup B})$

解 $n(\Omega) = 100$ である.

(1) 1 から 100 までに 3 の倍数は 33 個あるから,$n(A) = 33$ である.

よって,$P(A) = \dfrac{33}{100}$ である.

(2) 1 から 100 までに 5 の倍数は 20 個あるから,$n(B) = 20$ である.

よって,$P(B) = \dfrac{20}{100} = \dfrac{1}{5}$ である.

(3) $A \cap B$ は引いたカードが 15 の倍数である事象であり,1 から 100 までに 15 の倍数は 6 個あるから,$n(A \cap B) = 6$ である.

よって, $P(A \cap B) = \dfrac{6}{100} = \dfrac{3}{50}$ である.

(4) $A \cap B \neq \varnothing$ であるから,

$$P(A \cup B) = P(A) + P(B) - P(A \cap B) = \frac{33}{100} + \frac{1}{5} - \frac{3}{50} = \frac{47}{100}$$

(5) $P(\overline{A \cup B}) = 1 - P(A \cup B) = 1 - \dfrac{47}{100} = \dfrac{53}{100}$

問1.2　1 から 8 までの数字が書かれた 8 枚のカードから 2 枚を同時に取り出すとき, 取り出した 2 枚のカードの数の積が奇数となる事象を A, 取り出した 2 枚のカードの数の和が 6 の倍数となる事象を B とする. 次の確率を求めよ.

(1) $P(A)$　　(2) $P(B)$　　(3) $P(A \cap B)$　　(4) $P(A \cup B)$　　(5) $P(\overline{A \cup B})$

例題 1.3　**確率の計算 II**

1 つの袋に白玉が 6 個, 赤玉が 4 個入っている. この袋から 4 個の玉を同時に取り出すとき, 次の確率を求めよ.

(1)　4 個とも白玉が出る確率　　　　　　　(2)　白玉と赤玉が 2 個ずつ出る確率

(3)　赤玉が少なくとも 1 個出る確率

解　すべての玉の取り出し方は $_{10}C_4 = 210$［通り］ある.

(1)　4 個とも白玉となる取り出し方は $_6C_4 = 15$［通り］である. よって, 求める確率は $\dfrac{15}{210} = \dfrac{1}{14}$ である.

(2)　白玉と赤玉が 2 個ずつとなる取り出し方は $_6C_2 \cdot {}_4C_2 = 90$［通り］である. よって, 求める確率は $\dfrac{90}{210} = \dfrac{3}{7}$ である.

(3)　「赤玉が少なくとも 1 個出る」ということは,「4 個とも白玉ではない」ということである. よって, 求める確率は $1 - \dfrac{1}{14} = \dfrac{13}{14}$ である.

問1.3　1 つの袋に赤玉が 4 個, 黒玉が 8 個入っている. この袋から同時に 2 個の玉を取り出すとき, 次の確率を求めよ.

(1)　2 個とも赤玉が出る確率　　　　　　　(2)　黒玉が少なくとも 1 個は出る確率

(3)　同じ色の玉が出る確率

1.2　反復試行の確率

反復試行の確率　硬貨やさいころを投げる試行を繰り返すとき，ある試行の結果が，別の試行の結果に影響を与えることはない．このように，個々の試行の結果が他の試行の結果に影響を与えないとき，これらの試行は**独立**であるという．また，独立な試行を繰り返し行うとき，これを**反復試行**という．反復試行の確率は次のように求めることができる．

例 1.7　　1 つのさいころを 5 回投げるとき，3 の目が 2 回出る確率 p_2 を求める．1 回目と 2 回目に 3 の目が出たことを $(1,2)$ と表せば，3 の目が 2 回出る事象は全部で

$$(1,2),\ (1,3),\ (1,4),\ (1,5),\ (2,3),\ (2,4),\ (2,5),\ (3,4),\ (3,5),\ (4,5)$$

の 10 通りある．この場合の数は，1 から 5 までの 5 個の数字から 2 個選ぶ組合せの総数なので，${}_5C_2$ である．

このとき，それぞれの事象の確率は，3 の目が 2 回，それ以外が 3 回なので，

$$\left(\frac{1}{6}\right)^2\left(\frac{5}{6}\right)^3$$

であるから，求める確率は次のようになる．

$$p_2 = {}_5C_2\left(\frac{1}{6}\right)^2\left(\frac{5}{6}\right)^3 = \frac{625}{3888}$$

同様にして，3 の目が k 回出る確率を p_k $(k=0,\ 1,\ 2,\ 3,\ 4,\ 5)$ とすれば，

$$p_k = {}_5C_k\left(\frac{1}{6}\right)^k\left(\frac{5}{6}\right)^{5-k}$$

となる．

一般に，次のことが成り立つ．

1.9　反復試行の確率

独立な試行を n 回繰り返して行うとする．1 回の試行において，事象 A の起こる確率が p であるとき，n 回のうち事象 A が k 回起こる確率 p_k は，

$$p_k = {}_nC_k\, p^k\,(1-p)^{n-k} \quad (0 \leq k \leq n)$$

である．

問1.4　1 枚の硬貨を 5 回投げるとき，表が 3 回出る確率を求めよ．

1.3 条件付き確率

■**条件付き確率**　ここでは，ある事象 A が起こったときに，他の事象 B が起こる確率について考える．

例 1.8　ある学校の 1 学年を対象に，男女別に運動部への所属について調べたところ，右の表のようになった．

	男子	女子	計［人］
所属している	68	17	85
所属していない	85	34	119
計［人］	153	51	204

　この学年から学生を無作為に一人選び，選ばれた学生が男子であるという事象を A，運動部に所属しているという事象を B とする．「選ばれた学生が男子である確率」は，

$$P(A) = \frac{n(A)}{n(\Omega)} = \frac{153}{204} = \frac{3}{4}$$

である．また，「選ばれた学生が男子でかつ運動部に所属している確率」は，

$$P(A \cap B) = \frac{n(A \cap B)}{n(\Omega)} = \frac{68}{204} = \frac{1}{3}$$

である．これに対して，「選ばれた学生が男子であったとき，この学生が運動部に所属している確率」を求めると，これは男子学生の中で運動部に所属している学生の割合なので，次の式で表される．

$$\frac{n(A \cap B)}{n(A)} = \frac{68}{153} = \frac{4}{9}$$

　例 1.8 のように，2 つの事象 A，B に対して，積事象である $A \cap B$ の確率と，事象 A が起こったときに事象 B が起こる確率は，一般には異なる．

　事象 A が空事象でないとき，事象 A が起こったときに事象 B が起こる確率は $\dfrac{n(A \cap B)}{n(A)}$ で与えられる．これを，事象 A が起こったときに事象 B が起こる**条件付き確率**といい，$P(B|A)$ で表す．分母，分子を全事象の個数 $n(\Omega)$ で割れば，

$$P(B|A) = \frac{n(A \cap B)}{n(A)} = \frac{n(A \cap B)/n(\Omega)}{n(A)/n(\Omega)} = \frac{P(A \cap B)}{P(A)}$$

となる．

1.10　条件付き確率

$P(A) \neq 0$ のとき，事象 A が起こったときに事象 B が起こる条件付き確率は，

$$P(B|A) = \frac{P(A \cap B)}{P(A)}$$

である.

例 1.8 において，選ばれた学生が女子であるとき，その学生が運動部に所属している確率は，選ばれた学生が女子であるという事象は $\overline{A}$ であるので，

$$P(\overline{A}) = 1 - \frac{3}{4} = \frac{1}{4}, \quad P(\overline{A} \cap B) = \frac{17}{204} = \frac{1}{12}$$

より，$P(B|\overline{A})$ は次のようになる.

$$P(B|\overline{A}) = \frac{P(\overline{A} \cap B)}{P(\overline{A})} = \frac{\dfrac{1}{12}}{\dfrac{1}{4}} = \frac{1}{3}$$

問1.5　ある学校の 1 年生は 200 人で，そのうち女子は 45 人である．2 年生は 208 人で，そのうち女子は 48 人である．2 つの学年を合わせた 408 人の中から，無作為に一人を選ぶとき，次の確率を求めよ.
(1)　選ばれた学生が女子である確率，および選ばれた学生が 2 年生の女子である確率
(2)　選ばれた学生が女子であったとき，この学生が 2 年生である確率
(3)　選ばれた学生が男子であったとき，この学生が 1 年生である確率

■**確率の乗法定理**　　2 つの事象 A, B はいずれも空事象ではないとする．事象 A が起こったときに事象 B が起こる条件付き確率は，$P(B|A) = \dfrac{P(A \cap B)}{P(A)}$ であるので，

$$P(A \cap B) = P(A)P(B|A)$$

が得られる．同様にして，$P(A|B) = \dfrac{P(B \cap A)}{P(B)}$ より，

$$P(B \cap A) = P(B)P(A|B)$$

が得られる.

したがって，2 つの事象 A, B について，次の等式が成り立つ．これを**確率の乗法定理**という．

1.11　確率の乗法定理

$P(A) \neq 0$, $P(B) \neq 0$ のとき，次の等式が成り立つ．

$$P(A \cap B) = P(A)P(B|A) = P(B)P(A|B)$$

例題 1.4　確率の乗法定理

10 本のくじの中に 4 本の当たりくじがあり，このくじを 2 人が順に 1 本ずつ引く．次のようにくじを引くとき，1 人目の当たる確率，および 2 人目の当たる確率を求めよ．

(1)　1 人目が引いたくじを戻す場合　　(2)　1 人目が引いたくじを戻さない場合

解　1 人目が当たるという事象を A, 2 人目が当たるという事象を B とする．

(1)　1 人目が当たる確率は $P(A) = \dfrac{4}{10} = \dfrac{2}{5}$ である．引いたくじを戻すので，1 人目が当たってもはずれても，2 人目が引くときにくじの中には当たりくじが 4 本ある．したがって，2 人目が当たる確率は，次のようになる．

$$P(B) = \frac{4}{10} = \frac{2}{5}$$

(2)　1 人目が当たる確率は $P(A) = \dfrac{2}{5}$ であり，1 人目がはずれる確率は $P(\overline{A}) = \dfrac{3}{5}$ である．

1 人目が当たったとき，残り 9 本のくじの中に当たりくじは 3 本ある．よって，1 人目が当たって 2 人目も当たる確率は

$$P(A \cap B) = P(A)P(B|A) = \frac{2}{5} \cdot \frac{3}{9} = \frac{2}{15}$$

である．また，1 人目がはずれたときは，残り 9 本のくじの中に当たりくじは 4 本ある．よって，1 人目がはずれて 2 人目が当たる確率は

$$P(\overline{A} \cap B) = P(\overline{A})P(B|\overline{A}) = \frac{3}{5} \cdot \frac{4}{9} = \frac{4}{15}$$

である．これらの事象は互いに排反なので，2 人目が当たる確率は，次のようになる．

$$P(B) = P(A \cap B) + P(\overline{A} \cap B) = \frac{2}{15} + \frac{4}{15} = \frac{2}{5}$$

例題 1.4 より，(1)，(2) のいずれの場合も，2 人目が当たる確率は $\dfrac{2}{5}$ であり，1 人目と 2 人目の当たる確率は同じであることがわかる.

> [note] 　一般に，くじを引くときの当たる確率は，くじを引く前では，くじを引く順番や引く方法にかかわらず同じである.

　袋に入っている玉や何枚かのカードから 1 つを取り出すとき，取り出した玉やカードをもとに戻して再び次の 1 つを取り出す方法を **復元抽出** という. これに対して，取り出した玉やカードをもとに戻さずに次の 1 つを取り出す方法を **非復元抽出** という.

　例題 1.4 では (1) が復元抽出であり，(2) が非復元抽出である.

問 1.6　赤玉 5 個，白玉 10 個のあわせて 15 個の玉が入っている袋から，玉を 1 個取り出す試行を 2 回繰り返す. このとき，次の確率を求めよ. ただし，玉の取り出し方は非復元抽出とする.

(1)　1 回目も 2 回目も赤玉が出る確率

(2)　1 回目に白玉が出て，2 回目に赤玉が出る確率

(3)　2 回目に白玉が出る確率

▎**事象の独立**　　例題 1.4(1) のように，2 人が復元抽出でくじを引くとき，2 人目が当たりを引く確率は，1 人目の結果に関係なく，

$$P(B|A) = P(B|\overline{A}) = \frac{2}{5} = P(B)$$

である. これは，空事象でない 2 つの事象 A, B について，事象 A が起こることは事象 B が起こる確率に影響しないことを意味する.

　$P(B|A) = P(B)$ が成り立つとき，確率の乗法定理（定理 1.11）から，$P(A \cap B) = P(A)P(B)$ が成り立つ. 一方，$P(A \cap B) = P(B)P(A|B)$ も成り立つので，これらのことから，$P(A|B) = P(A)$ が導かれ，事象 B が起こることは事象 A が起こる確率に影響しないこともわかる.

　以上のことから，2 つの事象が独立であることを次のように定義する.

> ### 1.12　事象の独立
>
> 　事象 A, B が $P(A \cap B) = P(A)P(B)$ を満たすとき，A と B は互いに **独立** であるという.

<u>例 1.9</u>　　例題 1.4(1) の復元抽出の場合，$P(A \cap B) = \dfrac{2}{5} \cdot \dfrac{2}{5} = P(A)P(B)$ が成り立っているので，1 人目が当たるという事象と 2 人目が当たるという事象は，互いに独立である．

　　例題 1.4(2) の非復元抽出の場合，$P(B|A) = \dfrac{1}{3} \neq P(B)$ であるので，1 人目が当たるという事象と 2 人目が当たるという事象は互いに独立ではない．

問 1.7　よく切られたトランプ 52 枚の中から 1 枚を引くとき，取り出したトランプが偶数である事象を A，絵札（11, 12, 13）である事象を B，ハートである事象をそれぞれ C とする．次の 2 つの事象が互いに独立であるかどうかを調べよ．

(1)　A と B　　　　　　　　(2)　A と C　　　　　　　　(3)　B と C

問 1.8　$P(B|A) = P(B)$ のとき，$P(B|\overline{A}) = P(B)$ であることを示せ．ただし，$P(\overline{A}) \neq 0$ とする．

（1.4）ベイズの定理

ベイズの定理　　ここでは，ある試行の結果の情報から原因の確率を求めることを考える．

<u>例 1.10</u>　　2 つの袋 X, Y があり，袋 X には赤玉が 4 個，白玉が 3 個，袋 Y には赤玉が 3 個，白玉が 5 個入っている．無作為に袋を選び 1 個の玉を取り出すとき，それが赤玉である確率は，袋 X を選ぶ事象を A，赤玉を取り出す事象を B とすれば，

$$B = (A \cap B) \cup (\overline{A} \cap B), \quad (A \cap B) \cap (\overline{A} \cap B) = \varnothing$$

であるから，確率の加法定理（定理 1.8(3)）より，

$$P(B) = P(A \cap B) + P(\overline{A} \cap B)$$
$$= P(A)P(B|A) + P(\overline{A})P(B|\overline{A})$$
$$= \frac{1}{2} \cdot \frac{4}{7} + \frac{1}{2} \cdot \frac{3}{8} = \frac{53}{112}$$

となる．次に，取り出した玉が赤玉であったとき，それが袋 X から取り出された確率を求める．この確率は $P(A|B)$ であるので，確率の乗法定理（定理 1.11）より，

$$P(A|B) = \frac{P(A \cap B)}{P(B)} = \frac{\dfrac{2}{7}}{\dfrac{53}{112}} = \frac{32}{53}$$

と求めることができる.

このように,「赤玉を取り出した」という結果から, その原因である「袋 X から取り出された」確率を求めることができる.

一般に, 空でない 2 つの事象 A, B について, 例 1.10 のように

$$P(A|B) = \frac{P(A \cap B)}{P(B)}$$
$$= \frac{P(A)P(B|A)}{P(A)P(B|A) + P(\overline{A})P(B|\overline{A})}$$

が成り立つ. これを**ベイズの定理**という.

1.13　ベイズの定理

任意の事象 A, B について, 次の等式が成り立つ.

$$P(A|B) = \frac{P(A)P(B|A)}{P(A)P(B|A) + P(\overline{A})P(B|\overline{A})}$$

ベイズの定理は, 次のような表を作るとわかりやすい. 例 1.10 では右の表になる.

原因		結果 B	結果 $\overline{B}$
	A	$P(A \cap B)$	$P(A \cap \overline{B})$
	$\overline{A}$	$P(\overline{A} \cap B)$	$P(\overline{A} \cap \overline{B})$
計		$P(B)$	$P(\overline{B})$

選ばれた袋		取り出された玉 赤	取り出された玉 白
	X	$\dfrac{1}{2} \cdot \dfrac{4}{7}$	$\dfrac{1}{2} \cdot \dfrac{3}{7}$
	Y	$\dfrac{1}{2} \cdot \dfrac{3}{8}$	$\dfrac{1}{2} \cdot \dfrac{5}{8}$
計		$\dfrac{1}{2} \cdot \dfrac{4}{7} + \dfrac{1}{2} \cdot \dfrac{3}{8}$	$\dfrac{1}{2} \cdot \dfrac{3}{7} + \dfrac{1}{2} \cdot \dfrac{5}{8}$

問1.9　例 1.10 で, 無作為に選ばれた袋から取り出された 1 個の球が白玉であったとき, 選ばれた袋が Y である確率を求めよ.

一般に，全事象 Ω がいくつかの互いに排反な事象 $A_1,\ A_2,\ \ldots,\ A_n$ の和事象になっているとき，空でない任意の事象 B について，ベイズの定理は次のように表される．

$$P(A_i|B) = \frac{P(A_i)P(B|A_i)}{P(A_1)P(B|A_1) + P(A_2)P(B|A_2) + \cdots + P(A_n)P(B|A_n)}$$

$$= \frac{P(A_i)P(B|A_i)}{\displaystyle\sum_{i=1}^{n} P(A_i)P(B|A_i)} \tag{1.1}$$

問 1.10 ある工場では 3 種類の機械 A，B，C を使って同じ製品を作っている．それぞれの機械から作られる製品の個数の割合は $2:3:5$ である．また，不良品の出る確率はそれぞれ A が 3%，B が 2%，C が 4% である．1 つの製品が不良品であったとき，それが A の機械で作られたものである確率を求めよ．

■ ベイズの定理の応用 例 1.10 では，$X,\ Y$ 2 つの袋を無作為に選ぶ時点での袋 X が選ばれる確率は $\dfrac{1}{2}$ であるが，「赤玉が取り出された」という情報（結果）が加わると，袋 X が選ばれた確率は $\dfrac{32}{53}$ となる．実際に，袋 X のほうが赤玉が多いので，確率が $\dfrac{1}{2}$ より少し大きくなることは理解できる．

一般に，原因 A が起こる確率 $P(A)$ を**事前確率**，結果 B が起こったときにその原因が A である確率 $P(A|B)$ を**事後確率**という．このような考え方は，問 1.10 のような問題や，次の例題でみる迷惑メールの仕分けに応用されている．

例題 1.5 ベイズの定理の応用────────────

メールの文中に，「完全無料」という言葉が含まれているメールを迷惑メールとして判定するプログラムを考える．メールが迷惑メールであるという事象を A，メールの文中に「完全無料」が含まれている事象を B とする．過去の統計データによれば，

$$P(B|A) = 0.4, \quad P(B|\overline{A}) = 0.05, \quad \frac{P(\overline{A})}{P(A)} = 0.82$$

であることがわかっている．

このとき，このプログラムによって迷惑メールと判定されたメールが，実際に迷惑メールである確率を求めよ．ただし，答えは小数第 3 位を四捨五入せよ．

解　「完全無料」という言葉が入っているメールが迷惑メールである確率，すなわち，$P(A|B)$ を求めればよい．ベイズの定埋より，

$$P(A|B) = \frac{P(A)P(B|A)}{P(A)P(B|A) + P(\overline{A})P(B|\overline{A})}$$

$$= \frac{P(B|A)}{P(B|A) + \dfrac{P(\overline{A})}{P(A)}P(B|\overline{A})} = \frac{0.4}{0.4 + 0.82 \cdot 0.05} = 0.9070\cdots \fallingdotseq 0.91$$

となる．

したがって，このプログラムが迷惑メールと判定したメールが，迷惑メールである確率は，およそ 0.91 となる．

✦

問 1.11　ある工場で作られる製品が，規格外である確率は 0.1 である．この製品を最終工程で検査すると，規格内の製品では 0.97 の確率で合格と判定され，規格外の製品でも 0.13 の確率で合格と判定されてしまう．

この製品のうち 1 つを最終工程で検査して合格と判定されたとき，その製品が規格外である確率を求めよ．ただし，答えは小数第 4 位を四捨五入せよ．

練習問題 1

[1] 1つの袋に赤玉が3個，白玉が4個，青玉が5個入っている．この袋から同時に3個
　　を取り出すとき，次の確率を求めよ．
　　(1)　赤玉が1個，白玉が1個，青玉が1個出る確率
　　(2)　赤玉または白玉が1個以上出る確率
　　(3)　赤玉も白玉も1個以上出る確率

[2] 1つのさいころを6回投げるとき，次の確率を求めよ．
　　(1)　6回目に1の目が出る確率
　　(2)　6回目に初めて1の目が出る確率
　　(3)　1の目が1回だけ出る確率
　　(4)　1または2の目が少なくとも1回は出る確率

[3] 表に1から10までの数が1つずつ書かれた10枚のカードがあり，これらを裏にし
　　て，その中から無作為に2枚のカードを選ぶ．2枚のカードの表に書かれた2つの数
　　について，次の確率を求めよ．
　　(1)　2つの数の積が偶数である確率
　　(2)　2つの数の和が17以上である確率

[4] ある製品の中には，不良品が5%含まれている．この製品の中から無作為に3個を取
　　り出すとき，次の確率を求めよ．ただし，大量の製品の中から選ぶものとし，復元抽
　　出であると考えてよい．
　　(1)　取り出された製品の中に1つだけ不良品が含まれている確率
　　(2)　取り出された製品の中に2つ以上の不良品が含まれている確率

[5] A, Bの2人がこの順に，1回目がA，2回目がB，3回目がAのように交互に1つ
　　のさいころを投げて，最初に6の目を出したほうが勝ちとする．次の問いに答えよ．
　　(1)　nを自然数として，Aが$2n-1$回目に勝つ確率を求めよ．
　　(2)　Aが勝つ確率を求めよ．ただし，さいころを投げる回数に制限はないものと
　　　　する．

[6] 黒い袋の中には赤玉が3個，白玉が7個入っている．茶色の袋の中には赤玉が11
　　個，白玉が4個入っている．さいころを投げて，2以下の目が出たら黒い袋から玉を
　　1つ取り出し，3以上の目が出たら茶色の袋から玉を1つ取り出す．このとき，次の
　　確率を求めよ．
　　(1)　袋から赤玉が出る確率
　　(2)　袋から赤玉が出たとき，それが黒い袋から出ていた確率

2　確率分布

2.1　確率変数と確率分布

■離散型確率変数と確率分布　さいころを 2 つ投げて出た目の数の和を X とする．X は 2 から 12 までの整数の値をとる変数で，X がこれらの値をとる確率を求めることができ，まとめると次の表のようになる．

表 1

X	2	3	4	5	6	7	8	9	10	11	12	計
確率	$\dfrac{1}{36}$	$\dfrac{2}{36}$	$\dfrac{3}{36}$	$\dfrac{4}{36}$	$\dfrac{5}{36}$	$\dfrac{6}{36}$	$\dfrac{5}{36}$	$\dfrac{4}{36}$	$\dfrac{3}{36}$	$\dfrac{2}{36}$	$\dfrac{1}{36}$	1

表から，$4 \leqq X \leqq 6$ となる確率は $\dfrac{3}{36} + \dfrac{4}{36} + \dfrac{5}{36} = \dfrac{12}{36} = \dfrac{1}{3}$ となる．このように，その値や範囲をとる確率が定まっている変数を**確率変数**といい，X, Y などで表す．また，確率変数 X の値や範囲と，そのときの確率との対応関係を X の**確率分布**という．確率変数 X の確率分布が与えられたとき，X はその確率分布に従うという．

さいころの目の和 X のように，とびとびの値をとるような確率変数を**離散型確率変数**という．

離散型確率変数 X について，$X = x_i$ となる確率を $P(X = x_i)$ と表す．X のとりうる値が $x_1, x_2, x_3, \ldots, x_n$ であるとき，

確率分布表

X	x_1	x_2	$\cdots$	x_n	計
確率 $P(X = x_i)$	p_1	p_2	$\cdots$	p_n	1

$$P(X = x_i) = p_i \quad (i = 1, 2, \ldots, n) \tag{2.1}$$

を**離散型確率分布**という．また，上の表のように，確率分布を表で表したものを X の**確率分布表**といい，離散型確率分布を柱状グラフに表したものを**ヒストグラム**

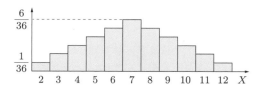

という．表 1 のヒストグラムは右図のようになる．

確率の性質から，式 (2.1) の確率分布に対して，

$$p_i \geqq 0 \ (i = 1, 2, \ldots, n), \quad p_1 + p_2 + \cdots + p_n = 1 \tag{2.2}$$

が成り立っている.

以後, 確率分布表などの表中の数値は, 確率の大きさをわかりやすくするために約分しないで表示することもあるが, 計算結果としての確率は既約分数で表す.

問2.1　次の確率変数 X, Y の確率分布表をかけ.
  (1)　硬貨を 3 枚投げて表の出た枚数を X とする.
  (2)　1 と書かれたカードが 1 枚, 2 と書かれたカードが 3 枚, 3 と書かれたカードが 2枚の計 6 枚のカードから無作為に 1 枚のカードを取り出したときの, カードに書かれた数を Y とする.

■ **連続型確率変数と確率分布**　　身長や体重の分布, 一定の時間間隔で来るバスの待ち時間などのように, 連続的に変化する量に対する確率は, 特定の値をとる確率ではなく, その値がある範囲にある確率を求めることになる.

たとえば, 18 歳男子の身長が右図のような分布で与えられているとする. このとき, 1 人の 18 歳の男子が 170 cm 以上 180 cm 未満である確率は, この分布を表すグラフと横軸が囲む面積に対する, 青色の部分の面積の比で表される.

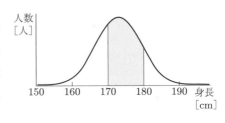

そこで, 分布を表すグラフの全体の面積が 1 であるような関数を考えれば, 指定された範囲のグラフの面積自体が, その範囲のとりうる確率を表すことになる.

一般に, 実数全体で定義された変数 X について, ある関数 $f(x)$ を用いて区間 $a \leqq X \leqq b$ における確率が

$$P(a \leqq X \leqq b) = \int_a^b f(x)\,dx \tag{2.3}$$

と表されるとき, X は**連続型確率変数**であるといい, その分布を**連続型確率分布**という. また, 関数 $f(x)$ を X の**確率密度関数**という.

関数 $f(x)$ が X の確率密度関数であるための条件は,
  （ⅰ）　すべての実数 x に対して $f(x) \geqq 0$　かつ

$$\int_{-\infty}^{\infty} f(x)\,dx = 1$$

が成り立ち,

（ⅱ）　任意の a, b に対して，

$$P(a \le X \le b) = \int_a^b f(x)\, dx$$

が成り立つことである．

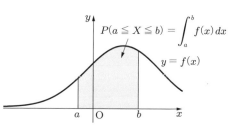

$$P(a \le X \le b) = \int_a^b f(x)\, dx$$

$$y = f(x)$$

　関数 $f(x)$ が確率密度関数であることを確かめるには，（ⅰ）を示せばよい．

> [note]　連続型確率変数の確率は，確率密度関数 $f(x)$ と，x 軸および $x = a$, $x = b$ とで囲まれる部分の面積で表される．任意の実数 a に対して $\int_a^a f(x)\, dx = 0$ であるから，$P(X = a) = 0$ であるので，連続型確率分布では，次が成り立つ．
>
> $$P(a \le X \le b) = P(a < X \le b) = P(a \le X < b) = P(a < X < b)$$

例 2.1　　（1）　正の数 L に対して，確率変数 X の確率密度関数が

$$f(x) = \begin{cases} \dfrac{1}{L} & (0 \le x \le L) \\[2mm] 0 & （それ以外） \end{cases}$$

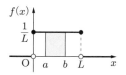

で与えられるとき，この確率分布を**一様分布**という．

　この関数 $f(x)$ が確率密度関数であることは，

$$\int_{-\infty}^{\infty} f(x)\, dx = \int_0^L \frac{1}{L}\, dx = \left[\frac{x}{L} \right]_0^L = 1$$

となることからわかる．また，$0 \le a < b \le L$ のとき，

$$P(a \le X \le b) = \int_a^b \frac{1}{L}\, dx = \left[\frac{x}{L} \right]_a^b = \frac{b - a}{L}$$

である．

　たとえば，下図のように，円盤上を円の中心を軸にして自由に回転する針があるとする．始線を決めて針を回転させ，針が止まった位置の始線から正の向きに測った角度を $X\,[\mathrm{rad}]$ $(0 \le X < 2\pi)$ とすると，X は連続型確率変数であり，その分布は一様分布である．確率密度関数 $f(x)$ は，

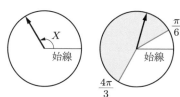

$$f(x) = \begin{cases} \dfrac{1}{2\pi} & (0 \leqq x < 2\pi) \\ 0 & (それ以外) \end{cases}$$

である. このとき, 針の角度が $\dfrac{\pi}{6}$ から $\dfrac{4\pi}{3}$ までの間で止まる確率は, 次のようになる.

$$P\left(\frac{\pi}{6} \leqq X \leqq \frac{4\pi}{3} \right) = \frac{\dfrac{4\pi}{3} - \dfrac{\pi}{6}}{2\pi} = \frac{7}{12}$$

(2)　$\lambda > 0$ とする. 確率変数 X の確率密度関数が

$$f(x) = \begin{cases} \lambda e^{-\lambda x} & (0 \leqq x) \\ 0 & (x < 0) \end{cases}$$

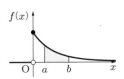

で与えられるとき, この確率分布を**指数分布**という.

この関数 $f(x)$ が確率密度関数であることは,

$$\int_{-\infty}^{\infty} f(x)\, dx = \int_{0}^{\infty} \lambda e^{-\lambda x}\, dx = \left[-e^{-\lambda x} \right]_{0}^{\infty} = 1$$

となることからわかる. また, $0 < a < b$ に対して,

$$P(a \leqq X \leqq b) = \int_{a}^{b} \lambda e^{-\lambda x}\, dx = \left[-e^{-\lambda x} \right]_{a}^{b} = e^{-a\lambda} - e^{-b\lambda}$$

である.

例題 2.1　**確率密度関数**

a を正の定数とする. 関数

$$f(x) = \begin{cases} ax & (0 \leqq x \leqq 2) \\ 0 & (それ以外) \end{cases}$$

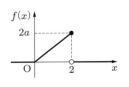

が X の確率密度関数であるとき, 次の問いに答えよ.

(1)　定数 a の値を求めよ.　　　　(2)　$P(0 \leqq X \leqq 1)$ を求めよ.

解　(1)　$\displaystyle\int_{-\infty}^{\infty} f(x)\, dx = 1$ を満たす a の値を求めればよい.

$\displaystyle\int_{-\infty}^{\infty} f(x)\, dx = \int_{0}^{2} ax\, dx = \left[\dfrac{a}{2} x^2 \right]_{0}^{2} = 2a$ であるから, $a = \dfrac{1}{2}$ である.

(2)　$P(0 \leqq X \leqq 1) = \displaystyle\int_0^1 \frac{1}{2} x\,dx = \left[\frac{1}{4} x^2\right]_0^1 = \frac{1}{4}$

問2.2　a を正の定数とする．関数

$$f(x) = \begin{cases} ax(2-x) & (0 \leqq x \leqq 2) \\ 0 & (それ以外) \end{cases}$$

が X の確率密度関数であるとき，次の問いに答えよ．

(1)　定数 a の値を求めよ．　　　　　　(2)　$P\left(1 \leqq X \leqq \dfrac{3}{2}\right)$ を求めよ．

2.2　確率変数の平均と分散

平均　　1000 本のくじの当たりくじの本数と賞金が以下のようであるとき，くじ 1 本あたりに期待できる賞金額を考える．

等級	1 等	2 等	3 等	4 等	はずれ	計
賞金 ［円］	30000	10000	1000	500	0	
本数	1	10	50	100	839	1000

このくじを 1 本引くときの賞金を X 円とすると，X は確率変数と考えることができ，確率分布表は，

X	30000	10000	1000	500	0	計
確率	$\dfrac{1}{1000}$	$\dfrac{10}{1000}$	$\dfrac{50}{1000}$	$\dfrac{100}{1000}$	$\dfrac{839}{1000}$	1

となる．賞金総額は，

$$30000 \cdot 1 + 10000 \cdot 10 + 1000 \cdot 50 + 500 \cdot 100 + 0 \cdot 839 = 230000\,[円]$$

である．これをくじの総本数 1000 で割ると，

$$30000 \cdot \frac{1}{1000} + 10000 \cdot \frac{10}{1000} + 1000 \cdot \frac{50}{1000} + 500 \cdot \frac{100}{1000} + 0 \cdot \frac{839}{1000} = 230\,[円]$$

となる．この金額が，くじ 1 本あたりに期待できる賞金額であり，（賞金×確率）の総和で求められる．

一般に，離散型確率変数 X の確率分布が

$$P(X = x_i) = p_i \quad (i = 1, 2, \ldots, n)$$

X	x_1	x_2	$\cdots$	x_n	計
$P(X = x_i)$	p_1	p_2	$\cdots$	p_n	1

で与えられているとき，確率変数 X の個々の
値と，それに対応する確率との積の総和

$$x_1 p_1 + x_2 p_2 + \cdots + x_n p_n = \sum_{i=1}^{n} x_i p_i$$

を X の**平均**（値）または**期待値**といい，$E[X]$ で表す。

一方，連続型確率変数 X の確率密度関数が $f(x)$ のとき，X の**平均**（値）または**期待値**を次の式で定義する。

$$E[X] = \int_{-\infty}^{\infty} x f(x)\, dx$$

2.1　確率変数の平均

(1)　X が離散型確率変数のとき，確率分布を $P(X = x_i) = p_i$
$(i = 1, 2, \ldots, n)$ とすれば，

$$E[X] = \sum_{i=1}^{n} x_i p_i$$

(2)　X が連続型確率変数のとき，確率密度関数を $f(x)$ とすれば，

$$E[X] = \int_{-\infty}^{\infty} x f(x)\, dx$$

[note]　連続型確率変数の平均において，$f(x)dx$ は「微小な区間の確率」を表し，離散型確率変数の p_i に相当する。また，離散型確率変数での総和をとる演算が，連続型確率変数では積分になることに注意する。

例 2.2　(1)　さいころを1つ投げて出た
目の数を X とするとき，確率分布表
は右のようになるので，平均は次のよ
うになる。

X	1	2	3	4	5	6	計
確率	$\frac{1}{6}$	$\frac{1}{6}$	$\frac{1}{6}$	$\frac{1}{6}$	$\frac{1}{6}$	$\frac{1}{6}$	1

$$E[X] = 1 \cdot \frac{1}{6} + 2 \cdot \frac{1}{6} + 3 \cdot \frac{1}{6} + 4 \cdot \frac{1}{6} + 5 \cdot \frac{1}{6} + 6 \cdot \frac{1}{6} = \frac{21}{6} = \frac{7}{2}$$

(2)　例 2.1 の一様分布は，確率密度関数が $f(x) = \dfrac{1}{L}$ $(0 \le x \le L)$ であるか

ら，その平均は次のようになる．

$$E[X] = \int_{-\infty}^{\infty} xf(x)\ dx = \int_0^L x \cdot \frac{1}{L}\ dx = \frac{L}{2}$$

問2.3　次の (1), (2) の確率分布表に従う確率変数 X, Y について，それぞれの平均を求めよ．

(1)

X	0	1	2	3	計
確率	$\frac{1}{8}$	$\frac{3}{8}$	$\frac{3}{8}$	$\frac{1}{8}$	1

(2)

Y	1	2	3	計
確率	$\frac{1}{6}$	$\frac{1}{2}$	$\frac{1}{3}$	1

問2.4　確率変数 X の確率密度関数が

$$f(x) = \begin{cases} \dfrac{1}{2}x & (0 \le x \le 2) \\[2mm] 0 & (\text{それ以外}) \end{cases}$$

で与えられるとき，X の平均 $E[X]$ を求めよ．

確率変数の関数の平均　確率変数 X に対して，$Y = aX + b$ (a, b は定数，$a \ne 0$) で定まる変数 Y について考える．

X が，確率分布 $P(X = x_i) = p_i$ $(i = 1, 2, \ldots, n)$ に従う離散型確率変数であるとき，$y_i = ax_i + b$ $(i = 1, 2, \ldots, n)$ とすれば，

$$P(Y = y_i) = P(Y = ax_i + b) = P(X = x_i) = p_i$$

より，$Y = aX + b$ は確率分布 $P(Y = y_i) = p_i$ $(i = 1, 2, \ldots, n)$ に従う離散型確率変数である．よって，

$$E[Y] = \sum_{i=1}^{n} y_i p_i = \sum_{i=1}^{n} (ax_i + b)p_i = a\sum_{i=1}^{n} x_i p_i + b\sum_{i=1}^{n} p_i = aE[X] + b$$

となる．したがって，$E[aX + b] = aE[X] + b$ が成り立つ．

X が，$f(x)$ を確率密度関数とする連続型確率変数であるとき，$Y = aX + b$ も確率変数であり，離散型と同様に，$E[aX + b] = aE[X] + b$ を示すことができる．

2.2　$aX + b$ の平均

確率変数 X と定数 a, b について，次の式が成り立つ．

$$E[aX + b] = aE[X] + b$$

一般に，X が確率変数であるとき，関数 $\varphi(X)$ に対して，$Y = \varphi(X)$ も確率変数となる．$\varphi(X)$ の平均について，次のことが成り立つ．

2.3　確率変数の関数の平均

X を確率変数，$\varphi(x)$ を関数とする．

(1)　X が離散型確率変数のとき，確率分布を $P(X = x_i) = p_i$ $(i = 1, 2, \ldots, n)$ とすれば，

$$E[\varphi(X)] = \varphi(x_1)p_1 + \varphi(x_2)p_2 + \cdots + \varphi(x_n)p_n = \sum_{i=1}^{n} \varphi(x_i)p_i$$

(2)　X が連続型確率変数のとき，確率密度関数を $f(x)$ とすれば，

$$E[\varphi(X)] = \int_{-\infty}^{\infty} \varphi(x)f(x)\,dx$$

さらに，関数 $\varphi(x)$, $\psi(x)$ と定数 a, b について，次のことも成り立つ．

$$E[a\varphi(X) + b\psi(X)] = aE[\varphi(X)] + bE[\psi(X)] \tag{2.4}$$

例 2.3　　さいころを 1 つ投げて出た目の数を X とするとき，$E[X] = \dfrac{7}{2}$ である（例 2.2(1)）．このとき，

$$E[2X - 3] = 2E[X] - 3 = 4$$

である．また，$E[X^2]$ は

$$E[X^2] = 1^2 \cdot \frac{1}{6} + 2^2 \cdot \frac{1}{6} + \cdots + 6^2 \cdot \frac{1}{6} = \frac{91}{6}$$

となるので，$E[(X + 1)^2]$ は次のように求めることができる．

$$\begin{aligned}
E[(X + 1)^2] &= E[X^2 + 2X + 1] \\
&= E[X^2] + 2E[X] + 1 = \frac{91}{6} + 2 \cdot \frac{7}{2} + 1 = \frac{139}{6}
\end{aligned}$$

問 2.5　硬貨を 2 枚投げて，表の出た枚数を X とする．このとき，$E[X]$, $E[X^2]$, $E[3X + 1]$, $E[(X - 1)^2]$ の値をそれぞれ求めよ．

分散・標準偏差　確率変数 X, Y の確率分布が次の分布表で与えられている
とする．それぞれのヒストグラムは下図のようになる．

X	-2	-1	0	1	2	計
確率	$\dfrac{1}{5}$	$\dfrac{1}{5}$	$\dfrac{1}{5}$	$\dfrac{1}{5}$	$\dfrac{1}{5}$	1

Y	-2	-1	0	1	2	計
確率	$\dfrac{1}{10}$	$\dfrac{2}{10}$	$\dfrac{4}{10}$	$\dfrac{2}{10}$	$\dfrac{1}{10}$	1

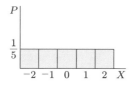
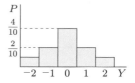

X と Y の平均はどちらも 0 であるが，X の分布が均一であるのに対し，Y の
分布は平均の近くに集まっているといえる．そこで，確率分布に対して，確率変数
の値が平均からどれだけ離れて分布しているかを表す指標として，次のものを考
える．

2.4　分散・標準偏差

確率変数 X について $E[X] = \mu$ とするとき，X の **分散** $V[X]$ を次のように
定める．

(1)　X が離散型確率変数のとき，確率分布を $P(X = x_i) = p_i$
$(i = 1, 2, \ldots, n)$ とすれば，

$$V[X] = \sum_{i=1}^{n} (x_i - \mu)^2 p_i$$

(2)　X が連続型確率変数のとき，確率密度関数を $f(x)$ とすれば，

$$V[X] = \int_{-\infty}^{\infty} (x - \mu)^2 f(x)\, dx$$

また，**標準偏差** $\sigma[X]$ を $\sigma[X] = \sqrt{V[X]}$ と定める．

分散 $V[X]$ の定義 2.4 と定理 2.3 から，分散 $V[X]$ は $(X - \mu)^2$ の平均である
ので，

$$V[X] = E[(X - \mu)^2] \tag{2.5}$$

と表すことができる.

先の例では, $E[X] = E[Y] = 0$ であるから,

$$V[X] = E[X^2] = 4 \cdot \frac{1}{5} + 1 \cdot \frac{1}{5} + 0 \cdot \frac{1}{5} + 1 \cdot \frac{1}{5} + 4 \cdot \frac{1}{5} = 2$$

$$V[Y] = E[Y^2] = 4 \cdot \frac{1}{10} + 1 \cdot \frac{2}{10} + 0 \cdot \frac{4}{10} + 1 \cdot \frac{2}{10} + 4 \cdot \frac{1}{10} = \frac{6}{5}$$

であり, $V[X]$ のほうが $V[Y]$ より大きい.

分散 $V[X]$ と標準偏差 $\sigma[X]$ について, 次のことが成り立つ.

2.5　分散・標準偏差の性質

(1)　$V[X] = E[X^2] - (E[X])^2$

(2)　a, b が定数のとき, $V[aX + b] = a^2 V[X]$, $\quad \sigma[aX + b] = |a| \sigma[X]$

証明　$E[X] = \mu$ とする.

(1)　定理 2.2 より, 次のようになる.

$$\begin{aligned}
V[X] &= E[(X - \mu)^2] \\
&= E[X^2 - 2\mu X + \mu^2] \\
&= E[X^2] - 2\mu E[X] + \mu^2 \\
&= E[X^2] - 2\mu^2 + \mu^2 \\
&= E[X^2] - \mu^2 = E[X^2] - (E[X])^2
\end{aligned}$$

(2)　$Y = aX + b$ とおくと, $E[Y] = E[aX + b] = a\mu + b$ であるから,

$$Y - E[Y] = (aX + b) - (a\mu + b) = a(X - \mu)$$

となる. よって,

$$\begin{aligned}
V[Y] &= E[(Y - E[Y])^2] \\
&= E[a^2 (X - \mu)^2] \\
&= a^2 E[(X - \mu)^2] = a^2 V[X]
\end{aligned}$$

である. したがって, 次のようになる.

$$\sigma[Y] = \sqrt{V[Y]} = \sqrt{a^2 V[X]} = |a| \sqrt{V[X]} = |a| \sigma[X] \qquad \text{証明終}$$

例2.4　　(1)　さいころを 2 回投げて出た目の和を X とする．下記のような X の確率分布表を作り，$E[X]$, $E[X^2]$ を求めると，$E[X] = 7$, $E[X^2] = \dfrac{329}{6}$ である．したがって，X の分散 $V[X]$ は次のようになる．

$$V[X] = E[X^2] - (E[X])^2 = \frac{329}{6} - 7^2 = \frac{35}{6}$$

また，標準偏差は $\sigma[X] = \sqrt{\dfrac{35}{6}} = \dfrac{\sqrt{210}}{6}$ である．

X	2	3	4	5	6	7	8	9	10	11	12	計
確率 p_i	$\dfrac{1}{36}$	$\dfrac{2}{36}$	$\dfrac{3}{36}$	$\dfrac{4}{36}$	$\dfrac{5}{36}$	$\dfrac{6}{36}$	$\dfrac{5}{36}$	$\dfrac{4}{36}$	$\dfrac{3}{36}$	$\dfrac{2}{36}$	$\dfrac{1}{36}$	1
$x_i p_i$	$\dfrac{2}{36}$	$\dfrac{6}{36}$	$\dfrac{12}{36}$	$\dfrac{20}{36}$	$\dfrac{30}{36}$	$\dfrac{42}{36}$	$\dfrac{40}{36}$	$\dfrac{36}{36}$	$\dfrac{30}{36}$	$\dfrac{22}{36}$	$\dfrac{12}{36}$	7
$x_i^2 p_i$	$\dfrac{4}{36}$	$\dfrac{18}{36}$	$\dfrac{48}{36}$	$\dfrac{100}{36}$	$\dfrac{180}{36}$	$\dfrac{294}{36}$	$\dfrac{320}{36}$	$\dfrac{324}{36}$	$\dfrac{300}{36}$	$\dfrac{242}{36}$	$\dfrac{144}{36}$	$\dfrac{329}{6}$

(2)　確率変数 X の確率密度関数が

$$f(x) = \begin{cases} \dfrac{1}{2}x & (0 \leq x \leq 2) \\ 0 & (\text{それ以外}) \end{cases}$$

で与えられるとき，$E[X] = \dfrac{4}{3}$ であり（問 2.4），

$$E[X^2] = \int_0^2 x^2 \cdot \frac{1}{2}x \, dx = \frac{1}{2}\left[\frac{1}{4}x^4\right]_0^2 = 2$$

であるので，

$$V[X] = E[X^2] - (E[X])^2 = 2 - \left(\frac{4}{3}\right)^2 = \frac{2}{9}$$

となる．標準偏差は $\sigma[X] = \sqrt{\dfrac{2}{9}} = \dfrac{\sqrt{2}}{3}$ である．

問2.6　大小 2 つのさいころを投げて，出た目の数の差の絶対値を X とするとき，X の確率分布表を作り，$E[X]$, $V[X]$, $\sigma[X]$ を求めよ．

問2.7　確率変数 X の確率密度関数が

$$f(x) = \begin{cases} \dfrac{3}{16}x^2 & (-2 \leq x \leq 2) \\ 0 & (\text{それ以外}) \end{cases}$$

で与えられるとき，$E[X]$, $V[X]$, $\sigma[X]$ を求めよ．

2.3 二項分布とポアソン分布

二項分布　1つのさいころを1回投げるとき，3の倍数の目が出る確率は $\dfrac{1}{3}$ である．この試行を5回繰り返し，3の倍数の目が出る回数を X とする．このとき，X の確率分布は，反復試行の確率（定理1.9）より，

$$P(X = k) = {}_5\mathrm{C}_k \left(\frac{1}{3}\right)^k \left(\frac{2}{3}\right)^{5-k} \quad (k = 0, 1, 2, 3, 4, 5)$$

であり，確率分布表は

X	0	1	2	3	4	5	計
確率	$\dfrac{32}{243}$	$\dfrac{80}{243}$	$\dfrac{80}{243}$	$\dfrac{40}{243}$	$\dfrac{10}{243}$	$\dfrac{1}{243}$	1

となる．

一般に，1回の試行で事象 A の起こる確率を p とするとき，この試行を独立に n 回繰り返して行い，事象 A が起こる回数を X とすれば，

$$P(X = k) = {}_n\mathrm{C}_k p^k (1-p)^{n-k} \quad (k = 0, 1, 2, \ldots, n) \tag{2.6}$$

である．式 (2.6) で与えられる確率分布を**二項分布**といい，$B(n, p)$ で表す．

二項分布が確率分布であることは，二項定理から

$$\sum_{k=0}^{n} {}_n\mathrm{C}_k p^k (1-p)^{n-k} = (p + 1 - p)^n = 1$$

が成り立つことで確かめられる．

例 2.5　さいころを n 個投げて，1の目が出る個数を X とするとき，X は二項分布 $B\left(n, \dfrac{1}{6}\right)$ に従うので，確率分布は，

$$P(X = k) = {}_n\mathrm{C}_k \left(\frac{1}{6}\right)^k \left(\frac{5}{6}\right)^{n-k} = \frac{5^{n-k}}{6^n} {}_n\mathrm{C}_k \quad (k = 0, 1, 2, \ldots, n)$$

である．以下に，$n = 3, 4$ のときの確率分布表を示す．

$n = 3$ のとき

X	0	1	2	3	計
P	$\dfrac{125}{216}$	$\dfrac{75}{216}$	$\dfrac{15}{216}$	$\dfrac{1}{216}$	1

$n = 4$ のとき

X	0	1	2	3	4	計
P	$\dfrac{625}{1296}$	$\dfrac{500}{1296}$	$\dfrac{150}{1296}$	$\dfrac{20}{1296}$	$\dfrac{1}{1296}$	1

二項分布の平均と分散は，次のとおりである（証明は付録 A1.5 節を参照）．

2.6 二項分布の平均と分散

確率変数 X が二項分布 $B(n, p)$ に従うとき，次のことが成り立つ．

(1) $E[X] = np$ $\qquad\qquad$ (2) $V[X] = np(1 - p)$

例 2.5 では，次のようになる．

$$n = 3 \text{ のとき，} E[X] = 3 \cdot \frac{1}{6} = \frac{1}{2}, \ V[X] = 3 \cdot \frac{1}{6} \cdot \frac{5}{6} = \frac{5}{12}$$

$$n = 4 \text{ のとき，} E[X] = 4 \cdot \frac{1}{6} = \frac{2}{3}, \ V[X] = 4 \cdot \frac{1}{6} \cdot \frac{5}{6} = \frac{5}{9}$$

次の図は，$B\left(5, \frac{1}{3}\right), B\left(4, \frac{1}{6}\right), B\left(4, \frac{1}{2}\right)$ の確率分布のヒストグラムである．

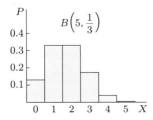 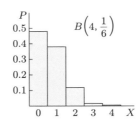 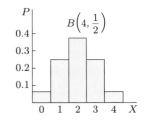

問2.8 15 本のうち 4 本の当たりが入っているくじにおいて，復元抽出で 3 回くじを引くとき，当たりくじが出る回数を X とする．X の確率分布を求めよ．また，X の平均 $E[X]$ と分散 $V[X]$ を求めよ．

ポアソン分布　　確率変数 X が二項分布 $B(n, p)$ に従うとき，平均 $E[X] = np$ を一定の値 λ にしたまま n を大きくすれば，p は小さくなり，次第に 0 に近づく．そのときの確率 $P(X = k)$ は，独立な試行を多数回繰り返すときに，起こることがまれな事象が k 回起こる確率を表している．

このような確率分布を**ポアソン分布**といい，$P_o(\lambda)$ で表す．ポアソン分布の確率は，$P(X = k) = {}_nC_k p^k (1 - p)^{n-k}$ において，$np = \lambda$（λ は定数）として $n \to \infty$ とした値であり，次の式で与えられる（証明は付録 A1.4 節を参照）．

$$P(X = k) = \frac{\lambda^k}{k!} e^{-\lambda} \quad (k = 0, 1, 2, \ldots) \tag{2.7}$$

多数の製品に含まれる不良品の個数や，ある町で起こる交通事故の件数などは，ポアソン分布に従うことが知られている.

ポアソン分布が確率分布であることは，e^x のマクローリン展開を用いて次のように確かめることができる.

$$\sum_{k=0}^{\infty} P(X = k) = \sum_{k=0}^{\infty} \frac{\lambda^k}{k!} e^{-\lambda}$$

$$= e^{-\lambda} \sum_{k=0}^{\infty} \frac{\lambda^k}{k!} = e^{-\lambda} e^{\lambda} = 1$$

ポアソン分布の平均と分散は，次のとおりである（証明は第 1 章の章末問題 4）.

2.7　ポアソン分布の平均と分散

確率変数 X がポアソン分布 $P_o(\lambda)$ に従うとき，次のことが成り立つ.

(1)　$E[X] = \lambda$　　　　　　　　(2)　$V[X] = \lambda$

二項分布 $B(n, p)$ は，n が大きく p が小さければ，ポアソン分布 $P_o(np)$ で近似することができる. 下の表は，二項分布 $B(10, 0.2)$, $B(40, 0.05)$, $B(100, 0.02)$ とポアソン分布 $P_o(2)$ の確率分布を比較したものである.

表からもわかるように，n が大きく p が小さいほど，二項分布の値とポアソン分布の値は近くなっている.

k	$B(10, 0.2)$	$B(40, 0.05)$	$B(100, 0.02)$	$P_o(2)$
0	0.10737	0.12851	0.13262	0.13534
1	0.26843	0.27055	0.27065	0.27067
2	0.30299	0.27767	0.27341	0.27067
3	0.20133	0.18511	0.18228	0.18045
4	0.08808	0.09012	0.09021	0.09022
5	0.02642	0.03415	0.03535	0.03609
6	0.00551	0.01049	0.01142	0.01203
7	0.00079	0.00268	0.00313	0.00344
8	0.00007	0.00058	0.00074	0.00086
9	0.000004	0.000109	0.00015	0.00019
10	0.0000001	0.000018	0.00003	0.00004

例題 2.2　ポアソン分布

　ある工場で生産する製品には，1000 個に 1 個の割合で不良品が出るという．この工場で生産した製品を 100 個箱詰めにするとき，ポアソン分布を用いて，次の確率を求めよ．答えは小数第 5 位を四捨五入せよ．

(1)　箱の中に不良品が 1 個も入っていない確率

(2)　箱に中に不良品が 2 個以上入っている確率

解　箱の中に入っている不良品の個数を X とすると，確率変数 X は二項分布 $B(100, 0.001)$ に従う．$n = 100$ は大きく，$p = 0.001$ は小さいので，$\lambda = 100 \cdot 0.001 = 0.1$ より，$B(100, 0.001)$ を $P_o(0.1)$ で近似する．

(1)　$P(X = 0) \fallingdotseq e^{-0.1} = 0.904837 \cdots \fallingdotseq 0.9048$

(2)　$P(X \geq 2) = 1 - \{P(X = 0) + P(X = 1)\}$

$$\fallingdotseq 1 - (e^{-0.1} + 0.1 \cdot e^{-0.1}) = 1 - \frac{11}{10}e^{-0.1} = 0.0046788 \cdots \fallingdotseq 0.0047$$

問2.9　ある町で 1 日に起こる交通事故の件数を X とする．X はポアソン分布 $P_o(2.5)$ に従うものとして，次の確率を求めよ．答えは小数第 5 位を四捨五入せよ．

(1)　1 日の交通事故件数が 0 件である確率

(2)　1 日の交通事故件数が 1 件である確率

(3)　1 日の交通事故件数が 3 件以上である確率

（2.4）正規分布

正規分布　　同年代の人の身長やたくさんの人が受験したテストの成績，また，さまざまな機器の測定値の誤差などのデータの分布は，左右対称の釣鐘型の分布になることが多い．

　そのような分布になる確率変数 X の確率密度関数は，定数 μ と正の定数 σ を用いて

$$\Phi(x) = \frac{1}{\sqrt{2\pi}\sigma}e^{-\frac{(x-\mu)^2}{2\sigma^2}} \tag{2.8}$$

で表されることが知られている．この分布を**正規分布**といい，$N(\mu, \sigma^2)$ で表す．

[note]　　正規分布 $N(\mu, \sigma^2)$ のグラフは，右図のように $x = \mu$ に関して対称であり，$x = \mu \pm \sigma$ が変曲点の x 座標となっている．

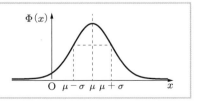

式 (2.8) の関数が確率密度関数であること，すなわち

$$\int_{-\infty}^{\infty} \Phi(x)\,dx = 1$$

を満たしていることは，$t = \dfrac{x-\mu}{\sqrt{2}\sigma}$ と置換し，$\displaystyle\int_0^\infty e^{-t^2}\,dt = \dfrac{\sqrt{\pi}}{2}$ であることを用いて，

$$\int_{-\infty}^{\infty} \Phi(x)\,dx = \frac{1}{\sqrt{2\pi}\sigma}\int_{-\infty}^{\infty} e^{-\frac{(x-\mu)^2}{2\sigma^2}}\,dx = \frac{1}{\sqrt{\pi}}\int_{-\infty}^{\infty} e^{-t^2}\,dt = 1$$

となることからわかる．

　正規分布の平均と分散について，次のことが成り立つ（証明は第 1 章の章末問題の5）．

2.8　正規分布の平均と分散

確率変数 X が正規分布 $N(\mu,\ \sigma^2)$ に従うとき，次のことが成り立つ．

(1)　$E[X] = \mu$ 　　　　　　(2)　$V[X] = \sigma^2$

　とくに，平均 $\mu = 0$，分散 $\sigma^2 = 1$ である正規分布 $N(0,1)$ を，**標準正規分布**という．

　標準正規分布の確率の値は，**標準正規分布表**としてまとめられている．巻末（付表 1）の標準正規分布表は，$z \geqq 0$ に対して，

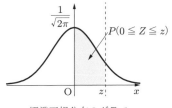
標準正規分布のグラフ

$$P(0 \leqq Z \leqq z) = \frac{1}{\sqrt{2\pi}}\int_0^z e^{-\frac{x^2}{2}}\,dx$$

の値を与えている．この値は，上図の青色部分の面積に等しい．

　グラフの対称性から，$P(Z \leqq 0) = P(Z \geqq 0) = 0.5$ である．

例 2.6　　確率変数 Z が標準正規分布 $N(0,1)$ に従うとき，

(1)　$P(0.25 \leq Z \leq 1.38)$ の値は，標準正規分布表から，$P(0 \leq Z \leq 0.25) = 0.0987$，$P(0 \leq Z \leq 1.38) = 0.4162$ であるので，次のように求められる．

$$P(0.25 \leq Z \leq 1.38) = P(0 \leq Z \leq 1.38) - P(0 \leq Z \leq 0.25)$$
$$= 0.4162 - 0.0987 = 0.3175$$

(2)　$P(-1 \leqq Z \leqq 1.5)$ の値は，確率密度関数が偶関数であることから，

$$P(-1 \leqq Z \leqq 1.5) = P(-1 \leqq Z \leqq 0) + P(0 \leqq Z \leqq 1.5)$$
$$= P(0 \leqq Z \leqq 1) + P(0 \leqq Z \leqq 1.5)$$
$$= 0.3413 + 0.4332 = 0.7745$$

となる．

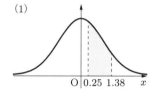
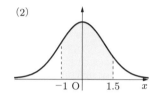

問2.10　確率変数 Z が標準正規分布 $N(0,1)$ に従うとき，標準正規分布表を用いて次の確率を求めよ．(3) は小数第 5 位を四捨五入せよ．

(1)　$P(0 \leqq Z \leqq 1.56)$ 　　　　　(2)　$P(-1.52 \leqq Z \leqq 1.52)$

(3)　$P(-2 \leqq Z \leqq 3)$ 　　　　　(4)　$P(1.96 \leqq Z)$

$0 < \alpha < 1$ を満たす α と標準正規分布に従う確率変数 Z に関して，

$$P(Z \geqq z(\alpha)) = \alpha \qquad (2.9)$$

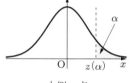

上側 α 点

を満たす値 $z(\alpha)$ を，標準正規分布の**上側 α 点** または **100α ％ 点** という．$z(\alpha)$ は，巻末（付表 2）の標準正規分布の逆分布表を用いて求める．

例2.7　(1)　標準正規分布の上側 5％ 点 $z(0.05)$ は，$P(Z \geqq z_0) = 0.05$ となる z_0 のことである．したがって，$P(0 \leqq Z \leqq z_0) = 0.45$ であるので，標準正規分布の逆分布表より，$z(0.05) = 1.645$ である．

(2)　標準正規分布の上側 2.5％ 点 $z(0.025)$ は，$P(Z \geqq z_0) = 0.025$ となる z_0 のことである．したがって，$P(0 \leqq Z \leqq z_0) = 0.475$ であるので，標準正規分布の逆分布表より，$z(0.025) = 1.960$ である．

問2.11　確率変数 Z が標準正規分布 $N(0,1)$ に従うとき，次を満たす z_1, z_2 の値を求めよ．(1) は標準正規分布表を，(2) は逆分布表を用いよ．

(1)　$P(0 \leqq Z \leqq z_1) = 0.4803$ 　　　　(2)　$P(-z_2 \leqq Z \leqq z_2) = 0.98$

問2.12　次の値を，標準正規分布の逆分布表から求めよ．

(1)　$z(0.117)$　　　　(2)　$z(0.015)$　　　　(3)　$z(0.005)$　　　　(4)　$z(0.001)$

正規分布の標準化

確率変数 X が正規分布 $N(\mu, \sigma^2)$ に従うとき，$Z = \dfrac{X - \mu}{\sigma}$ も確率変数である．$x_1 < x_2$ に対して $z_1 = \dfrac{x_1 - \mu}{\sigma}$, $z_2 = \dfrac{x_2 - \mu}{\sigma}$ とすれば，$\sigma > 0$ より $z_1 < z_2$ となるので，置換積分より，

$$\frac{1}{\sqrt{2\pi}\sigma} \int_{x_1}^{x_2} e^{-\frac{(x-\mu)^2}{2\sigma^2}} \, dx = \frac{1}{\sqrt{2\pi}} \int_{z_1}^{z_2} e^{-\frac{z^2}{2}} \, dz$$

となる．このことから，Z は標準正規分布 $N(0,1)$ に従うことがいえる．正規分布 $N(\mu, \sigma^2)$ に従う確率変数 X に対して，$Z = \dfrac{X - \mu}{\sigma}$ とすることを**正規分布の標準化**といい，次の式が成り立つ．

$$P(x_1 \leqq X \leqq x_2) = P(z_1 \leqq Z \leqq z_2) \tag{2.10}$$

例題 2.3　正規分布の標準化

確率変数 X が正規分布 $N(1, 2^2)$ に従うとき，標準正規分布表または逆分布表を用いて次の値を求めよ．

(1)　$P(3 \leqq X \leqq 5)$　　　　　　　　(2)　$P(-3 \leqq X \leqq 3)$

(3)　$P(1 - 2\lambda \leqq X \leqq 1 + 2\lambda) = 0.9$ であるような λ

解　$Z = \dfrac{X - 1}{2}$ とおくと，確率変数 Z は標準正規分布 $N(0, 1)$ に従う．

(1)　$X = 3$ のとき $Z = 1$, $X = 5$ のとき $Z = 2$ であるから，次のようになる．

$P(3 \leqq X \leqq 5) = P(1 \leqq Z \leqq 2)$

$\qquad = P(0 \leqq Z \leqq 2) - P(0 \leqq Z \leqq 1) = 0.4772 - 0.3413 = 0.1359$

(2)　$X = -3$ のとき $Z = -2$, $X = 3$ のとき $Z = 1$ であるから，次のようになる．

$P(-3 \leqq X \leqq 3) = P(-2 \leqq Z \leqq 1)$

$\qquad = P(-2 \leqq Z \leqq 0) + P(0 \leqq Z \leqq 1)$

$\qquad = P(0 \leqq Z \leqq 2) + P(0 \leqq Z \leqq 1) = 0.4772 + 0.3413 = 0.8185$

(3)　$P(1 - 2\lambda \leqq X \leqq 1 + 2\lambda) = P(-\lambda \leqq Z \leqq \lambda) = 2P(0 \leqq Z \leqq \lambda)$ であるので，$P(0 \leqq Z \leqq \lambda) = 0.45$ であるような λ の値を求めればよい．逆分布表より，$\lambda = 1.645$ となる．

確率変数 X が正規分布 $N(\mu, \sigma^2)$ に従うとき，平均 μ と標準偏差 σ に関する代表的な確率は次のようになる．なお，$Z = \dfrac{X - \mu}{\sigma}$ である．

$$P(\mu - \sigma \leqq X \leqq \mu + \sigma) = P(-1 \leqq Z \leqq 1) = 0.6826$$

$$P(\mu - 2\sigma \leqq X \leqq \mu + 2\sigma) = P(-2 \leqq Z \leqq 2) = 0.9544$$

$$P(\mu - 3\sigma \leqq X \leqq \mu + 3\sigma) = P(-3 \leqq Z \leqq 3) = 0.9973$$

このことから，X が平均 μ から $\pm\sigma$ の範囲にある確率はおよそ 68%，μ から $\pm2\sigma$ の範囲にある確率はおよそ 95% であることがわかる．また，次の確率はよく使われる．

$$P(-1.960 \leqq Z \leqq 1.960) = 0.95, \quad P(-2.576 \leqq Z \leqq 2.576) = 0.99$$

問 2.13　確率変数 X が正規分布 $N(2, 4^2)$ に従うとき，正規分布表を用いて次の確率を求めよ．

(1)　$P(2 \leqq X \leqq 6)$ (2)　$P(3 \leqq X \leqq 8)$ (3)　$P(0 \leqq X \leqq 5)$

問 2.14　確率変数 X が正規分布 $N(\mu, \sigma^2)$ に従うとき，$P(\mu - \lambda\sigma \leqq X \leqq \mu + \lambda\sigma) = 0.5$ であるような λ の値を，逆分布表を用いて求めよ．

例題 2.4　**正規分布の応用**

ある 100 点満点のテストを 20000 人の受験者が受けた．このテストの得点 X の分布が正規分布 $N(63.4, 13.6^2)$ に従うものとして，次の問いに答えよ．

(1)　80 点の受験者は上から何番目と考えられるか．

(2)　得点順位が 6000 番目の受験者の得点はおよそ何点と考えられるか．

解　(1)　$X \geqq 80$ を満たす人数を求めればよい．そのために，$P(X \geqq 80)$ を求める．$Z = \dfrac{X - 63.4}{13.6}$ とおくと，確率変数 Z は $N(0, 1)$ に従う．$X = 80$ のとき $Z = \dfrac{80 - 63.4}{13.6} \fallingdotseq 1.22$ であり，$P(0 \leqq Z \leqq 1.22) = 0.3888$ であるので，

$$P(X \geqq 80) \fallingdotseq P(Z \geqq 1.22) = 0.5 - 0.3888 = 0.1112$$

この値は，$X \geqq 80$ となる受験者の割合を表す．したがって，$20000 \cdot 0.1112 = 2224$ となる．ゆえに，80 点の受験者は上から 2224 番目と考えられる．

(2)　$P(X \geqq x) = \dfrac{6000}{20000} = 0.3$ を満たす x を求めればよい．(1) と同様に標準化すれ

ば，$Z = \dfrac{X - 63.4}{13.6}$ は $N(0, 1)$ に従う．

$$P(X \geqq x) = P\left(Z \geqq \frac{x - 63.4}{13.6}\right) = 0.5 - P\left(0 \leqq Z \leqq \frac{x - 63.4}{13.6}\right) = 0.3$$

であるので，$P\left(0 \leqq Z \leqq \dfrac{x - 63.4}{13.6}\right) = 0.2$ であればよい．したがって，逆分布表よ

り，$\dfrac{x - 63.4}{13.6} = 0.5244$ となる．これを x について解けば，$x = 70.53184$ となる．ゆ

えに，6000 番目の受験者の得点はおよそ 71 点と考えられる．

問 2.15　ある 400 点満点の試験を 10000 人の受験者が受けた．この試験の得点 X の分
布が正規分布 $N(260, 25^2)$ に従うものとして，次の問いに答えよ．
(1)　280 点の受験者は上から何番目と考えられるか．
(2)　得点順位が 1000 番目の受験者の得点はおよそ何点と考えられるか．

2.5　二項分布と正規分布の関係

二項分布と正規分布の関係　　1 つのさいころを n 回投げて，3 の倍数の目が
出る回数を X_n とするとき，確率変数 X_n は二項分布 $B\left(n, \dfrac{1}{3}\right)$ に従う．下の図
は，$n = 15, 30, 45$ の場合の確率分布を折れ線グラフで表したものである．n が大
きくなると，折れ線が正規分布のような，左右対称の釣鐘型のグラフに近づいてい
くことがわかる．

一般に，確率変数 X が二項分布 $B(n, p)$ に従うとき，n を十分大きくすると，

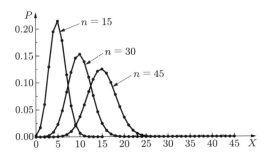

「$Z = \dfrac{X - np}{\sqrt{np(1-p)}}$ は，近似的に標準正規分布 $N(0,1)$ に従う」ことが知られている．このことは，n が十分大きいとき，$x_1 < x_2$ に対して，$z_1 = \dfrac{x_1 - np}{\sqrt{np(1-p)}}$，

$z_2 = \dfrac{x_2 - np}{\sqrt{np(1-p)}}$ として，「$P(x_1 \leqq X \leqq x_2) \fallingdotseq P(z_1 \leqq Z \leqq z_2) =$

$\displaystyle\int_{z_1}^{z_2} \dfrac{1}{\sqrt{2\pi}} e^{-\frac{z^2}{2}}\, dz$」という近似ができることを意味している．

しかし，X は離散型確率変数であるから，$P(x_1 \leqq X \leqq x_2)$ は右図の長方形の面積の総和（青色部分）である．したがって，二項分布を正規分布で近似するときには，両端を補正した $P(x_1 - 0.5 \leqq X \leqq x_2 + 0.5)$ で考えるほうが誤差が小さくなる．この補正を**半整数補正**という．

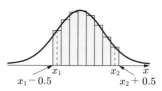

2.9　二項分布と正規分布

　確率変数 X が二項分布 $B(n,p)$ に従うとき，十分大きな n に対して，確率変数 $Z = \dfrac{X - np}{\sqrt{np(1-p)}}$ は近似的に標準正規分布 $N(0,1)$ に従い，次の近似式が成り立つ．

$$P(x_1 \leqq X \leqq x_2) \fallingdotseq P\left(\dfrac{x_1 - 0.5 - np}{\sqrt{np(1-p)}} \leqq Z \leqq \dfrac{x_2 + 0.5 - np}{\sqrt{np(1\ p)}} \right)$$

例題 2.5　二項分布と正規分布

　1 つのさいころを 450 回投げるとき，3 の倍数の目が出る回数が 150 以上 160 以下である確率の近似値を，正規分布を用いて求めよ．

解　3 の倍数の目が出る回数を X とする．X は二項分布 $B\left(450, \dfrac{1}{3}\right)$ に従い，$\mu = np = 150$，$\sigma = \sqrt{np(1-p)} = 10$ である．

　このとき，X を標準化した確率変数 $Z = \dfrac{X - 150}{10}$ は近似的に $N(0,1)$ に従う．$x = 150$，160 のそれぞれに対して，半整数補正した値を求めると，

$$x = 150 \text{ のとき，} \dfrac{150 - 0.5 - 150}{10} = -0.05$$

$$x = 160 \text{ のとき, } \frac{160 + 0.5 - 150}{10} = 1.05$$

であるから，求める確率は次のように計算できる.

$$P(150 \leq X \leq 160) \fallingdotseq P(-0.05 \leq Z \leq 1.05)$$

$$= P(-0.05 \leq Z \leq 0) + P(0 \leq Z \leq 1.05)$$

$$= P(0 \leq Z \leq 0.05) + P(0 \leq Z \leq 1.05)$$

$$= 0.0199 + 0.3531 = 0.3730$$

[note]　　例題 2.5 の確率を，正規分布の半整数補正なしで求めると，

$$P(150 \leq X \leq 160) \fallingdotseq P(0 \leq Z \leq 1) = 0.3413$$

となる. また, 二項分布で直接計算すれば,

$$\sum_{k=150}^{160} {}_{450}\mathrm{C}_k \left(\frac{1}{3}\right)^k \left(\frac{2}{3}\right)^{450-k} = 0.37075\cdots$$

となり, 半整数補正した値のほうが誤差が小さいことがわかる.

問2.16　1 つのさいころを 100 回投げるとき，偶数の目が出る回数が 48 以上 52 以下である確率の近似値を，正規分布を用いて求めよ.

(2.6) 確率変数の和や積の平均と分散

▶**離散型の 2 次元確率変数**　　これまでは，1 つの確率変数について，その確率や平均などを考えてきた. この節では，複数の確率変数が同時に従う確率分布について考える. ここでは簡単のため，主に変数が 2 つの場合を考える.

例2.8　　赤玉 2 個，白玉 1 個，黒玉 1 個が入った袋がある. この袋の中から玉を無作為に 2 個取り出したときの，赤玉の個数を X, 白玉の個数を Y とする. このとき，赤玉の 2 個を区別して考えると，玉の取り出し方は次の 6 通りである.

　　(赤①, 赤②), (赤①, 白), (赤①, 黒), (赤②, 白), (赤②, 黒), (白, 黒)

　　X の値は 0, 1, 2, Y の値は 0, 1 のいずれかをとり，事象 $X = i$ と $Y = j$ がともに起こる確率を $P(X = i, Y = j)$ で表すとする.

玉の取り出し方は同様に確からしいので，たとえば，

$$P(X = 0, Y = 1) = \frac{1}{6}$$

であり，

$$P(X = 1, Y = 1) = \frac{2}{6} = \frac{1}{3}$$

である．すべての場合をまとめると，表 2 のようになる．

表 2

X ＼ Y	0	1	計
0	0	$\frac{1}{6}$	$\frac{1}{6}$
1	$\frac{2}{6}$	$\frac{2}{6}$	$\frac{4}{6}$
2	$\frac{1}{6}$	0	$\frac{1}{6}$
計	$\frac{3}{6}$	$\frac{3}{6}$	1

例 2.8 では，事象 $X = i$ $(i = 0, 1, 2)$ や事象 $Y = j$ $(j = 0, 1)$ はそれぞれが互いに排反である．たとえば，事象 $X = 1$ が起こるのは $X = 1, Y = 0$ と $X = 1, Y = 1$ の場合があるから，事象 $X = 1$ が起こる確率は，

$$P(X = 1) = P(X = 1, Y = 0) + P(X = 1, Y = 1) = \frac{2}{6} + \frac{2}{6} = \frac{4}{6} = \frac{2}{3}$$

として計算できる．他の場合も同様に計算したのが表 2 の「計」の部分であり，これは X, Y のそれぞれの確率分布と一致する．

この例のように，2 つの確率変数 X, Y を組にして扱うとき，変数の組 (X, Y) を **2 次元確率変数**という．これに対して，X, Y のそれぞれを **1 次元確率変数**という．

一般に，離散型確率変数 X, Y があり，X のとりうる値を $x_1, x_2, \ldots, x_m$，Y のとりうる値を $y_1, y_2, \ldots, y_n$ とするとき，事象 $(X, Y) = (x_i, y_j)$ の起こる確率が

$$P(X = x_i, Y = y_j) = p_{ij} \quad (1 \leqq i \leqq m,\ 1 \leqq j \leqq n) \tag{2.11}$$

で与えられているとする．式 (2.11) を (X, Y) の**同時確率分布**という．

各事象 $(X, Y) = (x_i, y_j)$ は互いに排反であるので，

$$\sum_{i=1}^{m} \sum_{j=1}^{n} p_{ij} = 1$$

が成り立つ．とくに，$X = x_i$ を固定したときの n 個の事象

$$(X, Y) = (x_i, y_1), \quad (X, Y) = (x_i, y_2), \quad \ldots \quad, \quad (X, Y) = (x_i, y_n)$$

の和事象は，$X = x_i$ という事象と一致するから，

$$P(X = x_i) = \sum_{j=1}^{n} P(X = x_i, Y = y_j) = \sum_{j=1}^{n} p_{ij}$$

である．つまり，右辺の和は，2 次元確率変数 (X, Y) の X に関する確率分布を表している．この和を $p_{i\bullet}$ と表すと，

$$P(X = x_i) = \sum_{j=1}^{n} p_{ij} = p_{i\bullet} \tag{2.12}$$

である．式 (2.12) を X の**周辺分布**という．Y についても同様に，

$$P(Y = y_j) = \sum_{i=1}^{m} P(X = x_i, Y = y_j) = \sum_{i=1}^{m} p_{ij} = p_{\bullet j}$$

を Y の周辺分布という．

2 次元確率変数 (X, Y) の個々の値と，その値をとる確率を表した表 2 のような表を，(X, Y) の**同時確率分布表**という．式 (2.11) の同時確率分布の同時確率分布表は，次の表のようになる．

X ＼ Y	y_1	y_2	$\cdots$	y_n	$P(X = x_i)$
x_1	p_{11}	p_{12}	$\cdots$	p_{1n}	$p_{1\bullet}$
x_2	p_{21}	p_{22}	$\cdots$	p_{2n}	$p_{2\bullet}$
$\vdots$	$\vdots$	$\vdots$		$\vdots$	$\vdots$
x_m	p_{m1}	p_{m2}	$\cdots$	p_{mn}	$p_{m\bullet}$
$P(Y = y_j)$	$p_{\bullet 1}$	$p_{\bullet 2}$	$\cdots$	$p_{\bullet n}$	1

例題 2.6　**2 次元確率分布**

ジョーカーを除く 52 枚のトランプのカードから無作為にカードを選ぶ．選んだカードがスペードであれば 1，それ以外であれば 0 となる変数を X とする．最初に選んだカードを戻し，やはり同じように無作為に 2 枚目のカードを選ぶ．2 枚目のカードがスペードであれば 1，それ以外であれば 0 となる変数を Y とする．このとき，(X, Y) の同時確率分布と周辺分布を求めよ．

解　$P(X = 0) = \dfrac{3}{4}, P(X = 1) = \dfrac{1}{4}, P(Y = 0) = \dfrac{3}{4}, P(Y = 1) = \dfrac{1}{4}$ であるから，

$$P(X = 0, Y = 0) = \frac{3}{4} \cdot \frac{3}{4} = \frac{9}{16}$$

である．他の場合も同様にして計算すると，

$$P(X=0, Y=1) = \frac{3}{16},$$

$$P(X=1, Y=0) = \frac{3}{16},$$

$$P(X=1, Y=1) = \frac{1}{16}$$

X\Y	0	1	計
0	$\frac{9}{16}$	$\frac{3}{16}$	$\frac{3}{4}$
1	$\frac{3}{16}$	$\frac{1}{16}$	$\frac{1}{4}$
計	$\frac{3}{4}$	$\frac{1}{4}$	1

である. したがって, 求める同時確率分布と周辺分布は, 右の表のように表される.

問2.17　例題 2.6 において, 変数 X は 1 枚目が絵札 (11, 12, 13) であれば 1, それ以外であれば 0 をとり, 変数 Y は 2 枚目がハートのときに 1, それ以外であれば 0 をとるものとする. このとき, (X, Y) の同時確率分布と周辺分布を求めよ.

▐ 連続型の 2 次元確率変数　　連続型の確率変数についても, 離散型と同じように 2 次元の確率変数を考えることができる. 連続型確率変数 X, Y に対して,

(1)　$f(x,y) \geqq 0$　かつ　$\displaystyle\int_{-\infty}^{\infty}\int_{-\infty}^{\infty} f(x,y)dxdy = 1$

(2)　任意の定数 a, b, c, d $(a \leqq b,\ c \leqq d)$ に対して

$$P(a \leqq X \leqq b,\ c \leqq Y \leqq d) = \int_c^d \left\{ \int_a^b f(x,y)dx \right\} dy$$

となるような平面全体で定義された 2 変数関数 $f(x,y)$ が存在するとき, (X, Y) を連続型の 2 次元確率変数といい, 関数 $f(x,y)$ を X と Y の**同時確率密度関数**という.

事象 $a \leqq X \leqq b$ は, 事象 $a \leqq X \leqq b$ と $-\infty < Y < \infty$ とが同時に起こった事象と考えられるので,

$$P(a \leqq X \leqq b) = \int_a^b \left\{ \int_{-\infty}^{\infty} f(x,y)dy \right\} dx \qquad (2.13)$$

である. ここで, $f_1(x) = \displaystyle\int_{-\infty}^{\infty} f(x,y)dy$ とおくと,

$$P(a \leqq X \leqq b) = \int_a^b f_1(x)dx \qquad (2.14)$$

と表すことができるので, この式は (X, Y) の同時確率分布が与えられたときの X の確率分布を表している. これを X の**周辺分布**といい, $f_1(x)$ を X の**周辺確率密**

度関数という．同様に，$f_2(y) = \displaystyle\int_{-\infty}^{\infty} f(x,y)dx$ とおくとき，

$$P(c \leqq Y \leqq d) = \int_c^d f_2(y)dy \tag{2.15}$$

を Y の周辺分布，$f_2(y)$ を Y の周辺確率密度関数という．

例 2.9　　関数 $f(x,y) = \dfrac{1}{2\pi} e^{-\frac{1}{2}(x^2+y^2)}$ は xy 平面全体で定義され，$f(x,y) \geqq 0$

である（下図）．$\displaystyle\int_{-\infty}^{\infty} e^{-\frac{x^2}{2}} dx = \sqrt{2\pi}$ であることに注意すると，

$$
\begin{aligned}
\int_{-\infty}^{\infty}\int_{-\infty}^{\infty} f(x,y)dxdy &= \frac{1}{2\pi}\int_{-\infty}^{\infty}\int_{-\infty}^{\infty} e^{-\frac{x^2}{2}} e^{-\frac{y^2}{2}} dxdy \\
&= \left(\frac{1}{\sqrt{2\pi}}\int_{-\infty}^{\infty} e^{-\frac{x^2}{2}} dx \right) \left(\frac{1}{\sqrt{2\pi}}\int_{-\infty}^{\infty} e^{-\frac{y^2}{2}} dy \right) \\
&= 1 \cdot 1 = 1
\end{aligned}
$$

であるから，$f(x,y)$ はある連続型 2 次元確
率変数 (X,Y) の確率密度関数になる．この
とき，X の周辺確率密度関数 $f_1(x)$（図の灰
色の曲線）は，

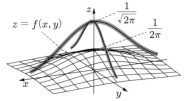

$$
\begin{aligned}
f_1(x) &= \frac{1}{2\pi}\int_{-\infty}^{\infty} e^{-\frac{1}{2}(x^2+y^2)} dy \\
&= \frac{1}{2\pi}\int_{-\infty}^{\infty} e^{-\frac{x^2}{2}} \cdot e^{-\frac{y^2}{2}} dy = \frac{1}{2\pi} \cdot e^{-\frac{x^2}{2}}\int_{-\infty}^{\infty} e^{-\frac{y^2}{2}} dy \\
&= \frac{1}{2\pi} e^{-\frac{x^2}{2}} \cdot \sqrt{2\pi} = \frac{1}{\sqrt{2\pi}} e^{-\frac{x^2}{2}}
\end{aligned}
$$

となる．Y の周辺確率密度関数 $f_2(y)$（図の青色の曲線）も同様にして，

$$f_2(y) = \frac{1}{\sqrt{2\pi}} e^{-\frac{y^2}{2}}$$

である．したがって，X, Y はそれぞれ標準正規分布に従うことがわかる．

[note]　z 軸の上方から静かに細かい砂を落とし続けたとき，xy 平面には砂の山ができる．
関数 $f(x,y) = \dfrac{1}{2\pi} e^{-\frac{1}{2}(x^2+y^2)}$ のグラフは，その砂の山の形を表すことが知られている．

▶ **確率変数の独立**　2 つの離散型確率変数 X, Y のとりうる値を，それぞれ x_i, y_j $(1 \leq i \leq m, 1 \leq j \leq n)$ とする．すべての i, j について，

$$P(X = x_i, Y = y_j) = P(X = x_i) \cdot P(Y = y_j) \tag{2.16}$$

が成り立つとき，離散型確率変数 X, Y は**互いに独立である**という．このとき，事象 $X = x_i$ と事象 $Y = y_j$ は互いに独立である．

一方，連続型確率変数 (X, Y) の同時確率密度関数を $f(x, y)$ とし，それぞれの周辺確率密度関数を $f_1(x), f_2(y)$ とする．任意の x, y に対して

$$f(x, y) = f_1(x) f_2(y)$$

が成り立つとき，連続型確率変数 X と Y は**互いに独立である**という．

このとき，任意の定数 a, b, c, d $(a \leq b, \ c \leq d)$ に対して

$$
\begin{aligned}
P(a \leq X \leq b, c \leq Y \leq d) &= \int_a^b \left\{ \int_c^d f_1(x) f_2(y) \, dy \right\} dx \\
&= \int_a^b f_1(x) \left\{ \int_c^d f_2(y) \, dy \right\} dx \\
&= \left(\int_a^b f_1(x) \, dx \right) \left(\int_c^d f_2(y) \, dy \right) \\
&= P(a \leq X \leq b) \cdot P(c \leq Y \leq d)
\end{aligned}
$$

となるので，事象 $a \leq X \leq b$, $c \leq Y \leq d$ は互いに独立である．

例 2.10　(1)　例 2.8 の離散型確率変数 X, Y は互いに独立ではない．たとえば，$X = 0$, $Y = 0$ のとき，$P(X = 0) = \dfrac{1}{6}$, $P(Y = 0) = \dfrac{3}{6}$ であるが，$P(X = 0, Y = 0) = 0$ である．

(2)　例 2.9 の確率密度関数は，

$$f(x, y) = \frac{1}{2\pi} e^{-\frac{1}{2}(x^2 + y^2)} = \left(\frac{1}{\sqrt{2\pi}} e^{-\frac{x^2}{2}} \right) \left(\frac{1}{\sqrt{2\pi}} e^{-\frac{y^2}{2}} \right) = f_1(x) f_2(y)$$

となるので，連続型確率変数 X, Y は互いに独立である．

問 2.18　例題 2.6 の確率変数 X, Y が互いに独立であるかどうかを調べよ．また，カードの引き方を非復元抽出としたときの (X, Y) の同時確率分布と周辺分布を表で表せ．さらに，このときの X, Y が互いに独立であるかどうかを調べよ．

確率変数の和や積の平均　　ここでは，互いに独立である 2 つの確率変数の和
や積の平均について考える．

例2.11　　互いに独立な確率変数 X, Y の同時確率分布表が次のように与えられ
ているとする．

Y \ X	0	1	2	計
1	$\frac{1}{3} \cdot \frac{1}{2}$	$\frac{1}{3} \cdot \frac{1}{4}$	$\frac{1}{3} \cdot \frac{1}{4}$	$\frac{1}{3}$
2	$\frac{2}{3} \cdot \frac{1}{2}$	$\frac{2}{3} \cdot \frac{1}{4}$	$\frac{2}{3} \cdot \frac{1}{4}$	$\frac{2}{3}$
計	$\frac{1}{2}$	$\frac{1}{4}$	$\frac{1}{4}$	1

このとき，$X + Y$ の値は $1, 2, 3, 4$ のいずれかの値をとる．$X = a, Y = b$ で
あることを $(X, Y) = (a, b)$ で表すと，$X + Y = 2$ となるのは，

$$(X, Y) = (1, 1), \ (X, Y) = (2, 0)$$

の 2 つの場合があり，これらは互いに排反であるので，

$$P(X + Y = 2) = P(X = 1, Y = 1) + P(X = 2, Y = 0)$$
$$= \frac{1}{3} \cdot \frac{1}{4} + \frac{2}{3} \cdot \frac{1}{2} = \frac{5}{12}$$

である．他の場合も同様にして確率を計算すると，次の表にまとめることがで
きる．

r_k	1	2		3		4	
(x_i, y_j)	$(1, 0)$	$(1, 1)$	$(2, 0)$	$(1, 2)$	$(2, 1)$	$(2, 2)$	
$P(X = x_i, Y = y_j)$	$\frac{1}{3} \cdot \frac{1}{2}$	$\frac{1}{3} \cdot \frac{1}{4}$	$\frac{2}{3} \cdot \frac{1}{2}$	$\frac{1}{3} \cdot \frac{1}{4}$	$\frac{2}{3} \cdot \frac{1}{4}$	$\frac{2}{3} \cdot \frac{1}{4}$	…①
$P(X + Y = r_k)$	$\frac{1}{6}$	$\frac{5}{12}$		$\frac{1}{4}$		$\frac{1}{6}$	…②

したがって，2 つの確率変数 X, Y の和 $X + Y$ も確率変数であり，この表は
$X + Y$ の確率分布を表している．

この表の ② から $X + Y$ の平均を計算すると，次のようになる．

$$E[X + Y] = 1 \cdot \frac{1}{6} + 2 \cdot \frac{5}{12} + 3 \cdot \frac{1}{4} + 4 \cdot \frac{1}{6} = \frac{29}{12}$$

これを，表の ① を用いて次のように計算することもできる．

$$E[X+Y] = 1 \cdot \frac{1}{6} + (1+1) \cdot \frac{1}{12} + (2+0) \cdot \frac{1}{3}$$
$$+ (1+2) \cdot \frac{1}{12} + (2+1) \cdot \frac{1}{6} + 4 \cdot \frac{1}{6}$$
$$= \frac{29}{12}$$

一般に，離散型の 2 次元確率変数 (X, Y) について，その確率分布が

$$P(X = x_i, Y = y_j) = p_{ij} \quad (1 \leqq i \leqq m, \ 1 \leqq j \leqq n)$$

で与えられているとき，X と Y の和 $X + Y$ も確率変数であり，

$$P(X + Y = r_k) = \sum P(X = x_i, Y = y_j) = \sum p_{ij}$$

（ただし，和は $x_i + y_j = r_k$ を満たすすべての (i, j) について考える）

である．$P(X + Y = r_k) = p_k$ とおけば，平均 $E[X + Y]$ は

$$E[X + Y] = \sum_k r_k p_k = \sum_{i=1}^{m} \sum_{j=1}^{n} (x_i + y_j) \cdot p_{ij}$$

で求めることができる．

このことは，連続型の 2 次元確率変数 (X, Y) でも同様である．同時確率密度関数を $f(x, y)$ とすると，X, Y の和 $X + Y$ も連続型確率変数であり，その平均は

$$E[X + Y] = \int_{-\infty}^{\infty} \int_{-\infty}^{\infty} (x + y) f(x, y) \, dxdy$$

で求めることができる．

問2.19　右の表は，例題 2.6 の (X, Y) についての同時確率分布表である．この X, Y について，$X + Y$ の確率分布表を作り，平均 $E[X + Y]$ を求めよ．

X \ Y	0	1	計
0	$\frac{9}{16}$	$\frac{3}{16}$	$\frac{3}{4}$
1	$\frac{3}{16}$	$\frac{1}{16}$	$\frac{1}{4}$
計	$\frac{3}{4}$	$\frac{1}{4}$	1

一般に，2 次元確率変数 (X, Y) の関数 $\varphi(X, Y)$ も確率変数であり，その平均を考えることができる．

2.10　2次元確率変数の関数の平均

(X, Y) を2次元確率変数，$\varphi(x, y)$ を関数とする.

(1)　離散型のとき，確率分布を $P(X = x_i, Y = y_j) = p_{ij}$ $(1 \leqq i \leqq m,$ $1 \leqq j \leqq n)$ とすれば，

$$E[\varphi(X, Y)] = \sum_{i=1}^{m} \sum_{j=1}^{n} \varphi(x_i, y_j) p_{ij}$$

(2)　連続型のとき，同時確率密度関数を $f(x, y)$ とすれば，

$$E[\varphi(X, Y)] = \int_{-\infty}^{\infty} \int_{-\infty}^{\infty} \varphi(x, y) f(x, y) dx dy$$

確率変数 X, Y が離散型でも連続型でも，次が成り立つ.

2.11　平均の性質

(1)　a, b, c が定数のとき

$$E[aX + bY + c] = aE[X] + bE[Y] + c$$

である. とくに，$E[X + Y] = E[X] + E[Y]$ である.

(2)　X と Y が互いに独立ならば，$E[XY] = E[X]E[Y]$ である.

証明　離散型の場合のみを示す. $P(X = x_i, Y = y_j) = p_{ij}$ $(1 \leqq i \leqq m,\ 1 \leqq j \leqq n)$

とし，$E[X] = \displaystyle\sum_{i=1}^{m} x_i p_{i\bullet}$, $E[Y] = \displaystyle\sum_{j=1}^{n} y_j p_{\bullet j}$, $\displaystyle\sum_{i=1}^{m} \sum_{j=1}^{n} p_{ij} = 1$ であることに注意する.

(1)　$\displaystyle E[aX + bY + c] = \sum_{i=1}^{m} \sum_{j=1}^{n} (ax_i + by_j + c) p_{ij}$

$$= \sum_{i=1}^{m} \sum_{j=1}^{n} ax_i p_{ij} + \sum_{i=1}^{m} \sum_{j=1}^{n} by_j p_{ij} + \sum_{i=1}^{m} \sum_{j=1}^{n} c p_{ij}$$

$$= a \sum_{i=1}^{m} \left(x_i \sum_{j=1}^{n} p_{ij} \right) + b \sum_{j=1}^{n} \left(y_j \sum_{i=1}^{m} p_{ij} \right) + c \sum_{i=1}^{m} \sum_{j=1}^{n} p_{ij}$$

$$= a \sum_{i=1}^{m} x_i p_{i\bullet} + b \sum_{j=1}^{n} y_j p_{\bullet j} + c = aE[X] + bE[Y] + c$$

(2)　X, Y が独立であることから，$p_{ij} = p_{i\bullet}p_{\bullet j}$ が成り立っているので，次のようになる．

$$
\begin{aligned}
E[XY] &= \sum_{i=1}^{m} \sum_{j=1}^{n} x_i y_j p_{ij} \\
&= \sum_{i=1}^{m} \sum_{j=1}^{n} x_i y_j p_{i\bullet} p_{\bullet j} \\
&= \left(\sum_{i=1}^{m} x_i p_{i\bullet} \right) \cdot \left(\sum_{j=1}^{n} y_j p_{\bullet j} \right) = E[X]E[Y]
\end{aligned}
$$

証明終

例 2.12　　例 2.11 の確率変数 X, Y について，$E[X] = \dfrac{5}{3}$, $E[Y] = \dfrac{3}{4}$ である．$E[X] + E[Y] = \dfrac{5}{3} + \dfrac{3}{4} = \dfrac{29}{12} = E[X + Y]$ より，定理 2.11(1) が成り立っていることが確かめられる．また，この確率変数 X, Y について，XY の確率分布表を作ると次の表になる．

r_k	0		1	2		4
(x_i, y_j)	$(1,0)$	$(2,0)$	$(1,1)$	$(1,2)$	$(2,1)$	$(2,2)$
$P(X = x_i, Y = y_j)$	$\dfrac{1}{6}$	$\dfrac{1}{3}$	$\dfrac{1}{12}$	$\dfrac{1}{12}$	$\dfrac{1}{6}$	$\dfrac{1}{6}$
$P(XY = r_k)$	$\dfrac{1}{2}$		$\dfrac{1}{12}$	$\dfrac{1}{4}$		$\dfrac{1}{6}$

この表より，$E[XY] = 0 \cdot \dfrac{1}{2} + 1 \cdot \dfrac{1}{12} + 2 \cdot \dfrac{1}{4} + 4 \cdot \dfrac{1}{6} = \dfrac{15}{12} = \dfrac{5}{4}$ である．また，$E[X] \cdot E[Y] = \dfrac{5}{3} \cdot \dfrac{3}{4} = \dfrac{5}{4}$ となるので，定理 2.11(2) も確かめられる．

問 2.20　例題 2.6 の確率変数 X, Y について，$E[XY]$ の値を求めよ．

問 2.21　大小 2 つのさいころをふるとき，大きいさいころの出る目を X，小さいさいころの出る目を Y とする．このとき，$E[X + Y]$, $E[XY]$ を求めよ．

■ 確率変数の和の分散

確率変数 X の分散 $V[X]$ は，式 (2.5) より

$$
V[X] = E\left[(X - E[X])^2 \right]
$$

と表すことができた．2 つの確率変数 X, Y に対して，それらの関数 $\varphi(X, Y)$ も確率変数であるので，その分散を考えることができ，

$$V\big[\varphi(X,Y)\big] = E\big[(\varphi(X,Y) - E[\varphi(X,Y)])^2\big]$$

となる.

$\varphi(X,Y)$ の分散も，1 次元確率変数のときと同じように，次の形に変形できる.

$$V[\varphi(X,Y)] = E[(\varphi(X,Y))^2] - (E[\varphi(X,Y)])^2$$

とくに，$\varphi(X,Y) = aX + bY + c$ のときは，次のような性質がある（証明は付録 A1.5 節を参照）.

2.12　分散の性質

a, b, c は定数とする. 確率変数 X, Y が互いに独立ならば，

$$V[aX + bY + c] = a^2 V[X] + b^2 V[Y]$$

である. とくに，$V[X + Y] = V[X] + V[Y]$ である.

[note]　X, Y が互いに独立でなくても，$E[XY] = E[X]E[Y]$ であれば，$V[X + Y] = V[X] + V[Y]$ が成り立つ.

例 2.13　　例題 2.6 の確率変数 X, Y に対して，

$$E[(X + Y)^2] = 1^2 \cdot \frac{6}{16} + 2^2 \cdot \frac{1}{16} = \frac{5}{8}$$

であり，$E[X + Y] = \dfrac{1}{2}$（問 2.19）であることから，

$$V[X + Y] = \frac{5}{8} - \left(\frac{1}{2}\right)^2 = \frac{3}{8}$$

X＼Y	0	1	計
0	$\frac{9}{16}$	$\frac{3}{16}$	$\frac{3}{4}$
1	$\frac{3}{16}$	$\frac{1}{16}$	$\frac{1}{4}$
計	$\frac{3}{4}$	$\frac{1}{4}$	1

となる. また，$V[X] = V[Y] = \dfrac{1}{4} - \dfrac{1}{16} = \dfrac{3}{16}$ であり，X, Y が互いに独立であるので，次の式が成り立っている.

$$V[X + Y] = V[X] + V[Y] \tag{2.17}$$

問 2.22　問 2.21 の確率変数 X, Y について，$V[X + Y]$ の値を求めよ.

n 変数の場合の平均と分散　　n 個の確率変数に対しても，2 変数のときと同様にその平均や分散，および独立性について定義することができる．一般に，次のことが成り立つことが知られている．

2.13　n 変数の確率変数の平均と分散

$a_1, a_2, \ldots, a_n$ は定数とする．確率変数 $X_1, X_2, \ldots, X_n$ に対して，次のことが成り立つ．

(1)　$E[a_1 X_1 + a_2 X_2 + \cdots + a_n X_n] = a_1 E[X_1] + a_2 E[X_2] + \cdots + a_n E[X_n]$

(2)　$X_1, X_2, \ldots, X_n$ が互いに独立であれば，

$$V[a_1 X_1 + a_2 X_2 + \cdots + a_n X_n] = a_1^2 V[X_1] + a_2^2 V[X_2] + \cdots + a_n^2 V[X_n]$$

練習問題　2

[1]　次の確率変数の確率分布と平均を求めよ.

   (1)　白玉が 2 個, 赤玉が 3 個入っている袋から同時に 2 個の玉を取り出すとき, 取り出される白玉の数 X

   (2)　2 つのさいころを投げるとき, 2 つの目の差の絶対値 Y

[2]　1000 個に 1 個の割合で不良品が出る製品を, 100 個ずつ箱詰めにして 3 箱作るとき, 次の確率をポアソン分布を用いて求めよ. いずれも小数第 5 位を四捨五入せよ.

   (1)　3 箱とも不良品が入っていない確率

   (2)　1 箱にだけ不良品が 1 個以上入っていて, 他の 2 箱には不良品が入っていない確率

[3]　1 つの袋に赤玉が 8 個, 黒玉が 2 個が入っている. この袋から復元抽出法で 1 個ずつ玉を取り出すとき, 黒玉が取り出される回数を X とする. このとき, 次の確率を求めよ.

   (1)　100 回取り出すとき, $X < 18$ または $X > 22$ である確率（標準正規分布の逆分布表を用いよ）.

   (2)　1000 回取り出すとき, $X < 180$ または $X > 220$ である確率（標準正規分布表を用いよ）.

[4]　(X, Y) の同時確率分布が右の表で与えられている. 次の各問いに答えよ.

   (1)　$E[X], E[Y], E[X+Y], E[XY]$ を求めよ.

   (2)　$V[X], V[Y]$ を求めよ.

   (3)　$E[XY] = E[X]E[Y]$ が成り立つが, X と Y は互いに独立ではないことを示せ.

   (4)　$V[X+Y]$ を求めよ.

X ＼ Y	1	2	3	計
1	$\dfrac{1}{5}$	$\dfrac{1}{20}$	$\dfrac{1}{5}$	$\dfrac{9}{20}$
2	$\dfrac{1}{20}$	0	$\dfrac{1}{20}$	$\dfrac{1}{10}$
3	$\dfrac{1}{5}$	$\dfrac{1}{20}$	$\dfrac{1}{5}$	$\dfrac{9}{20}$
計	$\dfrac{9}{20}$	$\dfrac{1}{10}$	$\dfrac{9}{20}$	1

[5]　次の関数が (X, Y) の同時確率密度関数となるように定数 k の値を定め, X, Y の周辺確率密度関数を求めよ. また, X と Y が互いに独立であるかどうか調べよ. ただし, $k > 0$ とする.

   (1)　$f(x, y) = \begin{cases} e^{-k(x+y)} & (x \geqq 0,\ y \geqq 0) \\ 0 & (それ以外) \end{cases}$

   (2)　$f(x, y) = \begin{cases} k(1 - x - y) & (x \geqq 0,\ y \geqq 0,\ x + y \leqq 1) \\ 0 & (それ以外) \end{cases}$

第 1 章の章末問題

1. 40 人のクラスで，全員の誕生日が異なる日である確率 P について，次の問いに答えよ．ただし，1 年は 365 日とする．
   (1) P を数式で表せ． (2) P の値を小数第 4 位を四捨五入して求めよ．

2. ある病気 A は発症率が非常に低く，1 万人に 1 人の割合で発症するとする．この病気にかかっているかどうかを調べる検査 B には高い信頼性があり，病気 A を発症している人に検査 B を行うと，99% の人が陽性を示し，1% の人が陰性を示す．また，病気 A を発症していない人に検査 B を行うと，99% の人が陰性を示し，1% の人が陽性を示す．いま，ある人が検査 B を受け，結果が陽性であったとき，この人が病気 A を発症している確率を求めよ．

3. 1 つの袋に赤玉 4 個，黒玉 3 個が入っている．この袋から玉を 1 個取り出し，色を調べて元に戻すという操作を 2 回行う．次の確率変数 X と Y の確率分布表をかけ．また，それぞれの平均と分散も求めよ．
   (1) 赤玉の出る回数 X
   (2) 赤玉のときは 1 点，黒玉のときは 2 点与えるとき，2 回の得点の和 Y

4. 確率変数 X がポアソン分布 $P_o(\lambda)$ に従うとき，$E[X] = \lambda$, $V[X] = \lambda$ であることを示せ．

5. (1) 確率変数 X が標準正規分布 $N(0,1)$ に従うとき，$E[X] = 0$, $V[X] = 1$ であることを示せ．
   (2) 確率変数 X が正規分布 $N(\mu, \sigma^2)$ に従うとき，確率変数 $Z = \dfrac{X - \mu}{\sigma}$ が標準正規分布 $N(0,1)$ に従うことを用いて，$E[X] = \mu, V[X] = \sigma^2$ であることを示せ．

6. ポアソン分布を用いて，次の確率の近似値を求めよ．値は小数第 5 位を四捨五入せよ．
   (1) ある機械から生産される製品には，0.2% の割合で不良品がある．この製品を箱に 100 個詰めるとき，この箱の中に不良品が 1 個以上入る確率
   (2) ある予防注射によって副作用を起こす確率は 0.1% であるとする．800 人の人にこの予防注射をするとき，2 人以上が副作用を起こす確率

データの処理

3 1次元のデータ

3.1 度数分布表

変数と度数分布表　調査によって得られるデータの多くは，数値として表される．調査内容によってはデータが大量になるが，得られた数値を眺めているだけではその特徴はわかりにくい．データから何らかの性質を見いだすには，全体の特徴が把握しやすいようにデータを整理することが必要になってくる．

例 3.1　(1)　次のデータは，あるクラス 30 人の 10 点満点の小テストの結果である．

7	7	4	5	8	10	7	3	5	9
4	5	7	7	5	7	4	8	7	6
6	7	6	10	8	6	6	5	6	9

このデータを点数ごとに整理すると，次の表が得られる．

点数［点］	3	4	5	6	7	8	9	10	計
人数［人］	1	3	5	6	8	3	2	2	30

(2)　次の表は，あるクラス 30 人の通学方法を調べたものである．

通学方法	徒歩	自転車	電車	バス	計
人数[人]	8	7	9	6	30

　例 3.1 の小テストの点数や通学方法のように，調査する項目を**変数**または**変量**といい，X, Y などの大文字で表す．テストの点数のように，数値で表される変数を**量的変数**といい，通学方法のように，カテゴリで表される変数を**質的変数**または**カテゴリ変数**という．

　変数の具体的な値は，$x_1, x_2, \ldots$ などのように，小文字に添字をつけて表す．変数の値 x_i に対して，その値をとるデータの個数を**度数**といい，f_i で表す．変数の値

x_i と度数 f_i の関係を**度数分布**といい，こ
れらを表にまとめたものを**度数分布表**とい
う（右表）．

変数 (X)	x_1	x_2	x_3	$\cdots$	x_N	計
度数	f_1	f_2	f_3	$\cdots$	f_N	n

　度数分布表をみると，変数に対する度数の大小はわかるが，全体に占める割合ま
ではすぐには読み取れない．そこで，各度数 f_i をデータ全体の個数 n で割った値
$\dfrac{f_i}{n}$ を考え，これを**相対度数**という．また，変数の値がある値以下の度数を合計し
たものを**累積度数**といい，相対度数を合計したものを**累積相対度数**という．必要に
応じて，これらを含めた次のような表を用いる．

表1　例 3.1(1) の相対度数を含めた度数分布表

点数 [点]	3	4	5	6	7	8	9	10	計
度数 [人]	1	3	5	6	8	3	2	2	30
相対度数	0.03	0.10	0.17	0.20	0.27	0.10	0.07	0.07	1.00

表2　例 3.1(1) の累積相対度数を含めた分布表

点数 [点]	3 以下	4 以下	5 以下	6 以下	7 以下	8 以下	9 以下	10 以下
累積度数 [人]	1	4	9	15	23	26	28	30
累積相対度数	0.03	0.13	0.30	0.50	0.77	0.87	0.93	1.00

　表 1, 2 の相対度数および累積相対度数は，小数第 3 位を四捨五入している．
　表 1 からは，7 点の人はクラス全体のおよそ 27% にあたること，また表 2 から
は，点数が 6 点以下の人はクラス全体の $\dfrac{1}{2}$ であること，などがわかる．
　度数分布表はデータの分布の様子を知るために有効であるが，これをグラフに表
し，視覚化するとさらにわかりやすくなる．下の図は，例 3.1(1) の度数分布をヒス
トグラムで表したものである．

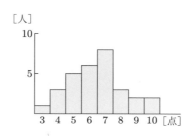

問3.1　ある町で，1ヶ月（30日）の交通事故発生件数を調べると次のようになった．

$$
\begin{array}{cccccccccc}
3 & 0 & 4 & 2 & 5 & 1 & 2 & 2 & 0 & 1 \\
1 & 3 & 2 & 6 & 1 & 3 & 0 & 2 & 3 & 2 \\
2 & 1 & 1 & 3 & 4 & 2 & 1 & 4 & 1 & 2 \\
\end{array}
$$

このデータから，表1および表2のような分布表を作り，度数分布のヒストグラムをかけ．相対度数および累積相対度数は小数第3位を四捨五入せよ．

次の度数分布表は，ある学校の食堂での1週間の料理の注文数を相対度数を含めた度数分布表にしたものである．

料理	日替わり定食	ラーメン	うどん	どんぶり	カレー	計
度数 [人]	311	125	45	92	452	1025
相対度数	0.303	0.122	0.044	0.090	0.441	1.000

次の図は，この度数分布表から，度数の大きい順に料理を並べ替え，累積相対度数を折れ線で表したものである．

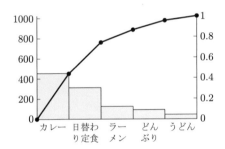

このように，度数が大きい順に変数を並べたヒストグラムと，累積相対度数を表す折れ線を組み合わせたグラフのことを**パレート図**という．パレート図は，全体に対する各項目の占める割合がわかりやすく，品質管理や改善の優先度を判断するときなどによく使われる．

離散型変数と連続型変数　　今後，本書では主に量的変数について考える．例3.1や問3.1の点数や件数などの変数は，整数の値をとる．このようにとびとびの値しかとらない量的変数を**離散型変数**という．それに対して，身長や体重などは，ある区間のどの値もとりうる変数である．このような量的変数を**連続型変数**という．連続型変数では，変数のとりうる値の範囲をいくつかの区間に分け，その区間に属する変数の個数を調べて度数分布表を作る．それぞれの区間を**階級**といい，

各階級の中央の値を**階級値**という．各階級は互いの両端が重ならない区間にする必要がある．本書では，それぞれの階級を「a 以上，b 未満」である区間とする．この場合の階級値は $\dfrac{a+b}{2}$ である．

例 3.2　　次のデータは，ある学校の 18 歳男子 40 人の身長（単位 [cm]）を測定したものである．

170.3	164.9	177.1	170.7	179.5	172.5	167.6	173.9	177.3	180.2
166.6	160.3	171.4	172.5	176.1	174.8	166.7	169.8	174.5	178.4
174.3	168.8	167.9	169.0	170.5	164.1	175.1	170.3	173.9	176.7
170.0	170.2	161.2	168.1	164.4	177.3	164.4	184.8	163.9	162.4

この身長のデータを 158.0 cm から 4.0 cm 刻みで分けて相対度数を含めた度数分布表を作ると，表 3 のようになり，ヒストグラムは次の右図である．

表 3

身長 [cm] の階級	階級値	度数	相対度数
158.0 以上162.0 未満	160.0	2	0.050
162.0 ～ 166.0	164.0	6	0.150
166.0 ～ 170.0	168.0	8	0.200
170.0 ～ 174.0	172.0	11	0.275
174.0 ～ 178.0	176.0	9	0.225
178.0 ～ 182.0	180.0	3	0.075
182.0 ～ 186.0	184.0	1	0.025
計		40	1.000

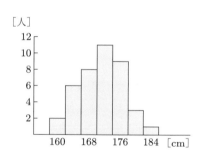

この度数分布表とヒストグラムから，次のようなことが読み取れる．

- 身長のデータの範囲は，158.0 cm から 186.0 cm の間にある．（データの範囲）
- もっとも度数が大きい階級の階級値は，172.0 cm である．（もっとも度数の大きい階級値）
- データ全体の半数は，170.0 cm から 178.0 cm の間にある．（全体の 1/2 を占める範囲）
- データ全体のおよそ 1/3 は，174.0 cm 以上である．
- 身長の低いほうから 20 番目のデータは，170.0 cm 以上 174.0 cm 未満の階級にある．（データを大きさの順に並べたときの中央の値が属する階級）

[note]　データ全体の個数が n のときの階級の個数 N は，

$$N = 1 + \log_2 n$$

を目安とすればよいことが知られている．これを**スタージェスの公式**という．例 3.2 は $n = 40$ なので，$N = 1 + \log_2 40 \fallingdotseq 6.32$ より，階級の個数 N は 6 または 7 とする．

6 階級とした場合，階級の幅は，最小値が 160.3 cm，最大値が 184.8 cm であることから

$$\frac{184.8 - 160.3}{6} = 4.08$$

となるので，4 cm とする．また，最小値が 160.3 cm なので，最初の階級は 160.0～164.0 としてもよいが，階級の区切りの仕方を変えると，ヒストグラムの形も変わることがあることに注意が必要である．

問3.2　次のデータは，ある学校の 18 歳男子 30 人の体重（単位 [kg]）を測定したものである．45.0 kg から 5.0 kg 刻みとする相対度数および累積相対度数まで含めた度数分布表を作り，度数分布のヒストグラムをかけ．相対度数および累積相対度数は小数第 4 位を四捨五入せよ．また，例 3.2 を参考にして，度数分布表およびヒストグラムからどのようなことがわかるか答えよ．

61.6	77.4	80.7	83.6	65.6	72.8	57.6	62.7	50.4	67.3
62.2	63.1	57.1	56.7	62.2	59.6	73.7	55.6	47.0	68.1
79.5	70.1	74.4	54.3	71.9	58.6	52.6	63.4	60.8	66.2

3.2　代表値

与えられたデータの特徴を 1 つの数値で表すとき，その値を**代表値**という．代表値としては，以下に述べるような**平均，メディアン，モード**などがよく用いられる．

平均

3.1　平均

変数 X のとる値を $x_1, x_2, \ldots, x_n$ とするとき，

$$\overline{x} = \frac{1}{n} \sum_{i=1}^{n} x_i = \frac{1}{n}(x_1 + x_2 + \cdots + x_n)$$

を変数 X の**平均**または**平均値**という．

例 3.3　(1)　例 3.1 の小テストのデータについて平均を求めると，次のように
なる.

$$\overline{x} = \frac{1}{30}(7 + 7 + 4 + \cdots + 9) = \frac{194}{30} = 6.466\cdots \fallingdotseq 6.5 \,[点]$$

(2)　例 3.2 の身長のデータについて平均を求めると，次のようになる.

$$\overline{x} = \frac{1}{40}(170.3 + 164.9 + 177.1 + \cdots + 162.4) = 171.06 \fallingdotseq 171.1 \,[\mathrm{cm}]$$

問 3.3　次のデータは，ある運動部の部員 10 人の握力（単位 [kg]）を測定したものであ
る.　握力の平均を求めよ.　値は小数第 2 位を四捨五入せよ.

41.9　58.0　36.7　50.4　47.2　34.3　42.7　58.0　41.2　46.1

次の表のように，データが度数分布表に整理されて与えられているとき，平均を
求めるには，「ある階級に含まれるデータはすべてその階級の階級値をとる」と考
えて計算する.

階級	$a_0 \sim a_1$	$a_1 \sim a_2$	$\cdots$	$a_{N-1} \sim a_N$	合計
階級値 (x_i)	x_1	x_2	$\cdots$	x_N	
度数 (f_i)	f_1	f_2	$\cdots$	f_N	n
$x_i f_i$	$x_1 f_1$	$x_2 f_2$	$\cdots$	$x_N f_N$	

したがって，この度数分布表における平均 $\overline{x}$ は

$$\overline{x} = \frac{1}{n}\sum_{i=1}^{N} x_i f_i = \frac{1}{n}(x_1 f_1 + x_2 f_2 + \cdots + x_N f_N) \tag{3.1}$$

により求められる. このとき，階級の幅を d とすると，実際の値を階級値で代替し
た場合の誤差の絶対値は $\dfrac{d}{2}$ 以下である. したがって，階級値を用いて計算された
平均の誤差の絶対値も，$\dfrac{d}{2}$ を超えることはない.

例 3.4　例 3.2 の度数分布表は次のようになる.

階級値 (x_i) [cm]	160.0	164.0	168.0	172.0	176.0	180.0	184.0	合計
度数 (f_i) [人]	2	6	8	11	9	3	1	40
$x_i f_i$	320.0	984.0	1344.0	1892.0	1584.0	540.0	184.0	6848.0

この表から身長の平均を求めると，

$$\overline{x} = \frac{6848.0}{40} = 171.2 \,[\text{cm}]$$

となる．一方，実際のデータを用いて計算した値は，例 3.3 により 171.06 cm である．よって，誤差は 0.14 cm であり，$\dfrac{d}{2} = \dfrac{4.0}{2} = 2.0 \,[\text{cm}]$ 以下となっている．

問3.4 次の度数分布表は，問 3.2 の体重のデータをまとめたものである．この表をもとに，男子 30 人の体重の平均を計算せよ．また，もとのデータの値から直接平均を計算せよ．値は小数第 2 位を四捨五入せよ．

階級 [kg]	45〜50	50〜55	55〜60	60〜65	65〜70	70〜75	75〜80	80〜85	合計
階級値 (x_i)									
度数 (f_i)[人]	1	3	6	7	4	5	2	2	30
$x_i f_i$									

メディアンとモード 代表値として，平均のほかにも利用される値がある．データを大きさの順に並べたとき，中央にくる値を**メディアン**（**中央値**）という．ただし，データの個数が偶数のときは，中央にくる 2 つの値の平均をとって考える．また，度数分布表でもっとも度数の大きい値または階級値を**モード**（**最頻値**）という．ただし，度数が最大の階級が 2 つ以上ある場合もあるので，そのような場合はモードは代表値としては適さない．また，同じデータでも，階級の区切りの仕方によってモードが異なる場合がある．

[note] たとえば，51, 48, 52, 99, 45 というデータでは，平均は 59 であり，5 つのデータのうち 4 つのデータが平均を下回っている．このように，極端なデータが含まれている場合には，平均が必ずしもデータを代表しているとはいえない．この場合は，代表値としてメディアン（このデータでは 51）をとるのが普通である．

また，モードには「流行（はやり）」「ファッション」といった意味もあり，その集団（データ）の中でもっとも大きな割合を占める特性（値）を示すものと考えることができる．

例3.5 (1) 例 3.1 の小テストのデータでは，次のページの表から，メディアンは 15 番目と 16 番目の点数の平均であるので $\dfrac{6+7}{2} = 6.5$ [点] であり，モードは 7 点である．

点数 [点]	3 以下	4 以下	5 以下	6 以下	7 以下	8 以下	9 以下	10 以下
累積度数 [人]	1	4	9	15	23	26	28	30

(2)　例 3.2 で，身長のデータが度数分布表のみで与えられている場合，メディアンは 20 人目と 21 人目の身長の平均であるが，20 人目と 21 人目はともに 170.0～174.0 の階級にある．下の表では，同じ階級に属する値はすべてその階級の階級値をとると考えているので，メディアンは 172.0 cm である．モードは度数がもっとも大きい階級の階級値であるので，172.0 cm である．

階級 [cm]	158.0～162.0	162.0～166.0	166.0～170.0	170.0～174.0	174.0～178.0	178.0～182.0	182.0～186.0
階級値 [cm]	160.0	164.0	168.0	172.0	176.0	180.0	184.0
累積度数 [人]	2	8	16	27	36	39	40

問 3.5　問 3.4 の体重の度数分布表から，メディアンとモードを求めよ．

問 3.6　下の表は，25 人のクラスで数学の試験を行った結果を，度数分布表にまとめたものである．平均，メディアン，モードを求めよ．

階級 [点]	40 以上 50 未満	50～60	60～70	70～80	80～90	90～100	合計
階級値 [点]	45	55	65	75	85	95	
度数 [人]	2	5	6	7	3	2	25

③.3 　分散と標準偏差

前節では，データの代表値として平均，メディアン，モードについて学んだ．しかし，代表値だけを考えていてはデータの全体像を把握することはできない．

そのことを，次の 3 つの度数分布表の例でみてみよう．

表 4　度数分布表の例

(Ⅰ)
変数 (X)	1	2	3	4	5	合計
度数	0	2	6	2	0	10

(Ⅱ)
変数 (Y)	1	2	3	4	5	合計
度数	1	4	2	0	3	10

(Ⅲ)
変数 (Z)	1	2	3	4	5	合計
度数	2	2	2	2	2	10

（Ⅰ）〜（Ⅲ）の平均はいずれも 3 である．しかし，それぞれの度数分布表のヒストグラムは次のようになり，その分布の様子には明らかな違いがある．

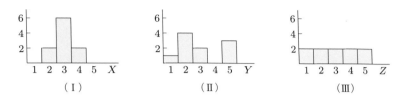

これらの分布は，平均は同じであるが，データのばらつき具合が違っている．

一般に，データのばらつき具合を表す数値を**散布度**という．散布度には，以下に述べるように，**レンジ**，**分散**，**標準偏差**などがある．

レンジ　　データの最大値と最小値の差を**レンジ（範囲）**といい，R で表す．

$$R = (最大値) - (最小値)$$

レンジが大きければデータは広い範囲に分布し，小さければ狭い範囲に分布しているといえる．

例 3.6　　表 4 の度数分布表（Ⅰ）のレンジは $R = 4 - 2 = 2$，度数分布表（Ⅱ）と（Ⅲ）のレンジはいずれも $R = 5 - 1 = 4$ である．

分散・標準偏差　　レンジ R は最大値と最小値のみで求められるので，それ以外のデータのばらつき具合は表していない．そこで，すべてのデータを用いた散布度として，個々のデータ x_i が平均 $\bar{x}$ からどの程度ばらついているかを表す値を考える．

変数 X のデータを $x_1, x_2, \ldots, x_n$ とするとき，各データ x_i と平均 $\bar{x}$ との差 $x_i - \bar{x}$ を，平均からの**偏差**という．偏差の総和は，どのようなデータに対しても

$$\sum_{i=1}^{n} (x_i - \bar{x}) = \sum_{i=1}^{n} x_i - \sum_{i=1}^{n} \bar{x} = n \cdot \bar{x} - n \cdot \bar{x} = 0$$

となるので，これは散布度の指標とはならない．そこで，偏差の 2 乗の総和を考える．これを**偏差平方和**といい，s_{xx} で表す．

$$s_{xx} = \sum_{i=1}^{n} (x_i - \bar{x})^2 = (x_1 - \bar{x})^2 + (x_2 - \bar{x})^2 + \cdots + (x_n - \bar{x})^2$$

s_{xx} の値はデータの個数の影響を受けるので，これをデータの個数 n で割った値で散布度を表す．この値を v_x とすると，

$$v_x = \frac{1}{n}s_{xx} = \frac{1}{n}\sum_{i=1}^{n}(x_i - \overline{x})^2$$

である．v_x を変数 X の**分散**という．また，分散の正の平方根を変数 X の**標準偏差**といい，σ_x で表す．本書では，分散は単位を省略して扱うものとする．

3.2　分散・標準偏差

$$v_x = \frac{1}{n}s_{xx} = \frac{1}{n}\sum_{i=1}^{n}(x_i - \overline{x})^2, \quad \sigma_x = \sqrt{v_x}$$

[note]　　定義より，分散の単位はデータの単位の 2 乗であり，標準偏差の単位はデータの単位と同じである．

定義より，分散は σ_x^2 で表すこともある．分散 v_x はつねに 0 以上であり，データがばらついているほど v_x の値は大きくなる．逆に，v_x の値が小さいほど，平均の近くにデータが集まっている．とくに，$v_x = 0$ になるのは，すべてのデータが同じ値のときに限る．

データが度数分布表で与えられているときは，変数または階級値 x_i に対する度数が f_i であるとき，分散 v_x は次の式で求めることができる．

$$v_x = \frac{1}{n}\sum_{i=1}^{N}(x_i - \overline{x})^2 f_i \tag{3.2}$$

ただし，N は階級の個数を表し，$\displaystyle\sum_{i=1}^{N} f_i = n$ である．

例 3.7　　表 4 の度数分布表 (I) の分散と標準偏差を求める．平均は 3 であるから，次のように計算する．

$$v_x = \frac{1}{10}\left\{(2-3)^2 \cdot 2 + (3-3)^2 \cdot 6 + (4-3)^2 \cdot 2\right\} = \frac{4}{10} = 0.4$$
$$\sigma_x = \sqrt{0.4} \fallingdotseq 0.63$$

度数分布表 (II) では，Y の分散 v_y，標準偏差 σ_y を次のように計算する．

$$v_y = \frac{1}{10}\left\{(1-3)^2 \cdot 1 + (2-3)^2 \cdot 4 + (3-3)^2 \cdot 2 + (5-3)^2 \cdot 3\right\} = \frac{20}{10} = 2$$

$$\sigma_y = \sqrt{2} \fallingdotseq 1.41$$

分散の値から，（Ⅰ）より（Ⅱ）の分布のばらつき具合のほうが大きいことがわかる.

[note]　途中の計算に近似値を用いると誤差が大きくなる可能性があるため，分散などの計算にはできる限り近似値を用いないようにする. たとえば，$1, 1, 2, 3, 3, 3$ の分散 v_x を求めるときは次のようにする. 平均は $\frac{13}{6} \fallingdotseq 2.17$ であるが，2.17 ではなく $\frac{13}{6}$ を用いて，$v_x = $

$$\frac{1}{6}\left\{\left(1-\frac{13}{6}\right)^2 + \left(1-\frac{13}{6}\right)^2 + \left(2-\frac{13}{6}\right)^2 + \left(3-\frac{13}{6}\right)^2 + \left(3-\frac{13}{6}\right)^2 + \left(3-\frac{13}{6}\right)^2\right\}$$

$= \frac{29}{36} \fallingdotseq 0.806$ とする. また，標準偏差 σ_x も，$\sigma_x = \frac{\sqrt{29}}{6} \fallingdotseq 0.898$ とする.

問 3.7　表 4 の度数分布表 (Ⅲ) から，Z の分散 v_z と標準偏差 σ_z を求めよ. 標準偏差は小数第 3 位を四捨五入せよ.

問 3.8　卵 6 個の重さ（単位 [g]）を量ったところ，次のデータを得た.

$$62 \quad 67 \quad 64 \quad 66 \quad 65 \quad 61$$

これらの平均 $\overline{x}$，分散 v_x，および標準偏差 σ_x を求めよ. 値は小数第 3 位を四捨五入せよ.

▎**分散の計算方法**　いま，変数 X のデータを $x_1, x_2, \ldots, x_n$ とすると，分散の式は次のように変形することができる.

$$\begin{aligned}
v_x &= \frac{1}{n}\sum_{i=1}^{n}(x_i - \overline{x})^2 \\
&= \frac{1}{n}\sum_{i=1}^{n}(x_i^2 - 2x_i\overline{x} + \overline{x}^2) \\
&= \frac{1}{n}\sum_{i=1}^{n}x_i^2 - 2\overline{x}\cdot\frac{1}{n}\sum_{i=1}^{n}x_i + \frac{1}{n}\cdot n\overline{x}^2 \\
&= \frac{1}{n}\sum_{i=1}^{n}x_i^2 - 2\overline{x}^2 + \overline{x}^2 = \frac{1}{n}\sum_{i=1}^{n}x_i^2 - \overline{x}^2
\end{aligned}$$

データが度数分布表で与えられているときも，式 (3.2) について同様の変形ができ，次の (2) のようになる.

3.3　分散の計算方法

(1)　データが $x_1, x_2, \ldots, x_n$ で与えられたとき，

$$v_x = \frac{1}{n} \sum_{i=1}^{n} x_i^2 - \overline{x}^2$$

(2)　データが度数分布表で与えられたとき，階級値 x_i に対する度数を f_i $(i = 1, 2, \ldots, N)$ とすると，

$$v_x = \frac{1}{n} \sum_{i=1}^{N} x_i^2 f_i - \overline{x}^2$$

$\dfrac{1}{n} \displaystyle\sum_{i=1}^{n} x_i^2,\ \dfrac{1}{n} \displaystyle\sum_{i=1}^{N} x_i^2 f_i$ はデータの 2 乗の平均と考えられるから，これらを $\overline{x^2}$ と

表せば，分散の計算式は

$$v_x = \overline{x^2} - \overline{x}^2 \tag{3.3}$$

と書き直すことができる.

例 3.8　　表 4 の度数分布表（Ⅰ）の分散は，右のような表を作ることで，次のように計算することができる.

$$v_x = \overline{x^2} - \overline{x}^2 = \frac{94}{10} - \left(\frac{30}{10}\right)^2 = 0.4$$

変数 (x_i)	1	2	3	4	5	計
度数 (f_i)	0	2	6	2	0	10
$x_i f_i$	0	4	18	8	0	30
$x_i^2 f_i$	0	8	54	32	0	94

問 3.9　分散の計算方法（定理 3.3）を用いて，問 3.8 の卵の重さの分散を求めよ. 値は小数第 3 位を四捨五入せよ.

問 3.10　次の表は，あるサッカーチームの 30 試合の得点の度数分布表である. この表を完成させることで，このサッカーチームの 1 試合の得点の平均，分散，標準偏差を求めよ. 値は小数第 2 位を四捨五入せよ.

得点 (x_i) ［点］	0	1	2	3	4	5	合計
試合数 (f_i)	7	9	7	4	2	1	30
$x_i f_i$							
$x_i^2 f_i$							

3.4 平均，分散，標準偏差の性質

■平均の性質　変数 X, Y の間に1次式 $Y = aX + b$ （a, bは定数）という関係があるとき，X, Y の平均 $\overline{x}, \overline{y}$ について次の関係が成り立つ.

> ### 3.4　平均の性質
> $$\overline{y} = a\overline{x} + b$$

証明　X のデータを $x_1, x_2, \ldots, x_n$ とすると，Y のデータは

$$ax_1 + b,\ ax_2 + b,\ \ldots,\ ax_n + b$$

である．したがって，$\overline{y}$ は次のようになる.

$$\overline{y} = \frac{1}{n} \sum_{i=1}^{n} (ax_i + b)$$

$$= \frac{1}{n} \left(a \sum_{i=1}^{n} x_i + bn \right) = a \cdot \frac{1}{n} \sum_{i=1}^{n} x_i + b = a\overline{x} + b$$

証明終

■分散・標準偏差の性質　変数 X, Y の間に $Y = aX + b$ （a, bは定数）という関係があるとき，それぞれの分散 v_x, v_y および標準偏差 σ_x, σ_y の間にどのような関係があるかを調べる．変数 X のデータを $x_1, x_2, \ldots, x_n$，Y のデータを $y_1, y_2, \ldots, y_n$ とすれば，$y_i = ax_i + b$ であり，平均の性質（定理3.4）から $\overline{y} = a\overline{x} + b$ であるから，

$$v_y = \frac{1}{n} \sum_{i=1}^{n} (y_i - \overline{y})^2$$

$$= \frac{1}{n} \sum_{i=1}^{n} \{(ax_i + b) - (a\overline{x} + b)\}^2$$

$$= \frac{1}{n} \sum_{i=1}^{n} a^2 (x_i - \overline{x})^2 = a^2 \cdot \frac{1}{n} \sum_{i=1}^{n} (x_i - \overline{x})^2 = a^2 v_x$$

$$\sigma_y = \sqrt{v_y} = \sqrt{a^2 v_x} = |a|\sqrt{v_x} = |a|\sigma_x$$

となる.

3.5　分散・標準偏差の性質

変数 X, Y の間に $Y = aX + b$（a, b は定数）という関係があるとき，それぞれの分散を v_x, v_y，標準偏差を σ_x, σ_y とする．このとき，次が成り立つ．

$$v_y = a^2 v_x, \quad \sigma_y = |a|\sigma_x$$

▶ 変数の標準化　変数 X の平均を $\overline{x}$，標準偏差を σ_x（$\sigma_x \neq 0$）とする．このとき，変数 Z を

$$Z = \frac{X - \overline{x}}{\sigma_x} \tag{3.4}$$

と定めると，平均の性質（定理 3.4）および標準偏差の性質（定理 3.5）より，Z の平均 $\overline{z}$ と標準偏差 σ_z は次のようになる．

$$\overline{z} = \frac{\overline{x} - \overline{x}}{\sigma_x} = 0, \quad \sigma_z = \left|\frac{1}{\sigma_x}\right| \sigma_x = 1$$

このように平均を 0，標準偏差を 1 にする変換を，変数 X の**標準化**という．

また，変数 T を

$$T = 50 + 10 \cdot \frac{X - \overline{x}}{\sigma_x}$$

と定めると，T の平均は 50，標準偏差は 10 となる．このように定められる変数 T を X の**偏差値**という．偏差値は単位のない数になるので，異なるデータを比較するときに用いられる．

例 3.9　あるクラスの数学の試験の結果は，平均点が 73 点，標準偏差が 12 点であった．このとき，このクラスの A 君の点数が 85 点とすれば，偏差値 T は次のようになる．

$$T = 50 + 10 \cdot \frac{85 - 73}{12} = 60$$

例 3.9 のクラスで，英語の試験の結果が，平均点が 60 点，標準偏差が 15 点であったとする．このとき，A 君の英語の点数が 78 点とすれば，偏差値は 62 となる．数学の試験と比較して，試験の点数は英語のほうが低いにもかかわらず，偏差値は英語のほうが高くなっている．このことから，2 つの試験を比較すると，A 君のクラス内での成績は，数学の試験より英語の試験のほうがよかったといえる．

問 3.11　次の問いに答えよ.

(1)　偏差値 T の平均 $\bar{t}$ は 50, 標準偏差 σ_t は 10 であることを示せ.

(2)　あるクラスで数学の試験を行ったところ, 平均点が 68 点, 標準偏差が 12 点であった. 試験の点数が 74 点の学生と 56 点の学生の偏差値をそれぞれ求めよ.

▶ **四分位数**　データを, 値が小さいほうから順に並べたとき,

全体の $\dfrac{1}{4}$ の位置にあるデータを**第 1 四分位数**といい, Q_1 で表す.

全体の $\dfrac{3}{4}$ の位置にあるデータを**第 3 四分位数**といい, Q_3 で表す.

このとき, $Q = (Q_3 - Q_1)/2$ を**四分位偏差**（または, **四分偏差**）という.

例 3.10　　3, 5, 2, 3, 6, 4, 4, 20, 5, 4 というデータを考える. このデータでは 20 だけが離れており, 平均も標準偏差も大きくはずれたこの値の影響を受け, それぞれ次のようになる.

$$\overline{x} = 5.6, \quad \sigma_x \fallingdotseq 4.92$$

このような場合の代表値は, 平均よりメディアン 4 のほうが適切である.

このデータについて, $Q_1 = 3$, $Q_3 = 5$ であることから, $Q = (5 - 3)/2 = 1$ となる.

四分位偏差は, このような大きくかけ離れたデータ（外れ値）を含む場合の散布度として, よく用いられる.

▶ **箱ひげ図**　箱ひげ図は, データのばらつき具合を視覚的にわかりやすく図にしたもので, 長方形の箱と, その両端から伸びている「ひげ」を組み合わせたものである.

「ひげ」の両端はデータの最小値と最大値を, 箱の両端（短辺）は第 1 四分位数（Q1）, 第 3 四分位数（Q3）を, 箱の中の線はメディアン（中央値, 第 2 四分位数）をそれぞれ表し（図 1）, Q3−Q1 を四分位範囲（IQR）という. $Q1 - 1.5 \times IQR$ より小さい値, または $Q3 + 1.5 \times IQR$ より大きい値を外れ値として扱う場合は, ひげの両端は, 外れ値を除いた最小値と最大値になる.

図 2 のグラフは, 1972 年と 2022 年の, 東京の 8 月の最高気温（表 5）を箱ひげ図にしたものである. この 50 年間で, 平均（図 2 の×）でおよそ 1.2 度上昇しており, 分布が全体的に上にずれて, レンジが大きくなっていることが読み取れる. また, 1972 年には外れ値があり, 1 日だけ 22℃ 近くの寒い日があったこともわかる.

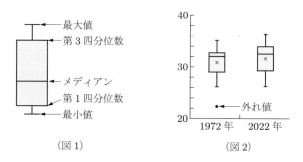

（図 1）　　　　　　　　　　　（図 2）

表 5　8 月の東京の最高気温 [°C]（出典：気象庁ホームページ
"https://www.data.jma.go.jp/obd/stats/etrn/"）

日付	1	2	3	4	5	6	7	8	9	10	11	12	13	14	15	16
1972 年	31.0	30.9	32.1	34.0	33.2	32.9	29.6	35.2	31.7	32.0	32.3	33.2	32.7	32.1	32.1	32.1
2022 年	35.9	35.9	36.1	29.7	27.7	28.8	33.0	33.9	35.7	35.3	34.3	32.0	28.6	33.3	34.0	36.4

17	18	19	20	21	22	23	24	25	26	27	28	29	30	31
31.9	32.0	33.2	33.5	27.2	22.3	26.9	26.1	26.9	27.5	29.0	29.5	29.2	27.8	32.1
32.3	31.1	32.5	31.2	29.0	29.5	33.5	32.7	29.3	31.3	33.9	28.1	28.0	26.2	32.5

例題 3.1

次のデータについて，最小値，第 1 四分位数，メディアン，第 3 四分位数，最大
値を求めて，箱ひげ図をかけ．

(1)　1, 2, 3, 4, 5, 6, 7, 8, 9　　　　　　(2)　1, 2, 3, 4, 5, 6, 7, 8, 9, 10

解　(1)　最小値と最大値はそれぞれ 1, 9 である．データは 9 個であるから，メディア
ンは 5 である．この場合，メディアンを除いた下位のデータは
1, 2, 3, 4 であるから，第 1 四分位数は $Q_1 = \dfrac{2+3}{2} = 2.5$ で
ある．同様に，メディアンを除いた上位のデータは 6, 7, 8, 9
であるから，第 3 四分位数は $Q_3 = \dfrac{7+8}{2} = 7.5$ である．

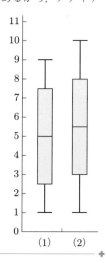

(2)　最小値と最大値はそれぞれ 1, 10 である．データは 10 個で
あるから，メディアンは $\dfrac{5+6}{2} = 5.5$ である．この場合，下位
のデータは 1, 2, 3, 4, 5 であるから，第 1 四分位数は $Q_1 = 3$
である．上位のデータは 6, 7, 8, 9, 10 であるから，第 3 四分
位数は $Q_3 = 8$ である．

　箱ひげ図は右図のようになる．

問 3.12　次のデータについて，最小値，第 1 四分位数，メディアン，第 3 四分位数，最大
値を求めて，箱ひげ図をかけ．

(1)　3, 5, 4, 12, 15, 7, 4, 9, 10　　　　(2)　7, 10, 2, 8, 12, 7, 9, 13, 11, 8

▶ **変動係数**　　一般に，異なるデータのばらつき具合を比較するのに，$\dfrac{\text{標準偏差}}{\text{平均}}$
を用いる．これは単位がない数となるので，異なるデータについても比較が可能と
なる．この $\dfrac{\text{標準偏差}}{\text{平均}}$ を**変動係数**という．

例 3.11　　成人男性 10 人の体重を測定したところ，平均が $\overline{x} = 70$ [kg]，標準
偏差が $\sigma_x = 9$ [kg] であった．また，象 10 頭の体重を測定したところ，平均が
$\overline{y} = 4000$ [kg]，標準偏差が $\sigma_y = 480$ [kg] であった．

　この場合，$\sigma_x = 9$ と $\sigma_y = 480$ を比べて，「象のほうがばらつきが大きい」と
判断するのは合理的でない．そこで，それぞれの変動係数を求めてみると，

$$\text{成人男性の変動係数} = \frac{\sigma_x}{\overline{x}} = 0.128\cdots, \quad \text{象の変動係数} = \frac{\sigma_y}{\overline{y}} = 0.12$$

となる．この値を比較することで，「成人男性の体重のほうがばらつきが大きい」
と判断される．

問 3.13　表 6 は 6 つの都市の，牛肉とようかんに対する 2020 年度から 2022 年度までの
1 世帯あたりの年間支出額の平均である（単位 [円]）．この表から，6 つの都市の，牛
肉とようかんに対する支出額の標準偏差と変動係数をそれぞれ求めよ．標準偏差は小数
第 1 位を，変動係数は小数第 4 位を四捨五入して求めよ．

表 6　1 世帯あたりの年間支出額の平均（出典：総務省統計局ホームページ
"https://www.stat.go.jp/data/kakei/5.html"）

都市 品目	京都	奈良	大分	神戸	福井	川崎
牛肉	39377	38966	30663	35086	24526	19436
ようかん	646	512	585	539	1490	968

練習問題 3

[1]　離散型変数についての度数分布表が次のように与えられているとき，平均，メディアン，モードをそれぞれ求めよ．平均は小数第 2 位を四捨五入せよ．

値	1	2	3	4	5	合計
度数	5	4	3	2	1	15

[2]　次のデータはある運動部に属する部員 10 人の 50 m 走の記録（単位 [秒]）である．この 10 人の記録の平均，分散，標準偏差を求めよ．標準偏差は小数第 3 位を四捨五入せよ．

$$7.3\quad 7.0\quad 6.9\quad 7.5\quad 6.5\quad 7.1\quad 6.6\quad 7.2\quad 6.9\quad 6.8$$

[3]　次のデータは，畑 A, B からそれぞれ収穫したじゃがいもの重量の度数分布表である．

畑 A のじゃがいもの重量 [g]	個数
115 以上 125 未満	5
125 ～ 135	13
135 ～ 145	28
145 ～ 155	31
155 ～ 165	16
165 ～ 175	7
計	100

畑 B のじゃがいもの重量 [g]	個数
115 以上 125 未満	3
125 ～ 135	9
135 ～ 145	39
145 ～ 155	33
155 ～ 165	15
165 ～ 175	1
計	100

(1)　それぞれの畑から収穫されたじゃがいもの重量の平均，メディアン，モード，分散，標準偏差を求めよ．分散および標準偏差は小数第 2 位を四捨五入せよ．

(2)　2 つの畑から収穫されたじゃがいもの重量の分布の違いについて述べよ．

[4]　あるクラスで国語と数学の試験をしたところ，平均点は 2 教科とも同じ 65 点であったが，標準偏差は国語が 16 点，数学が 8 点だったという．

(1)　国語と数学がそれぞれ 72 点の学生の，国語および数学の偏差値を求めよ．値は小数第 2 位を四捨五入せよ．

(2)　この数学の試験で偏差値が 60 以上となるには，試験の点数で何点以上が必要か．

[5]　学生 20 人が数学と英語の試験をそれぞれ受けたところ，その得点は次のような結果となった．

数学	79	65	45	78	75	90	60	81	89	53
	95	80	85	57	79	73	81	66	61	56
英語	64	74	89	60	61	73	67	80	85	65
	66	74	78	81	65	64	80	88	68	62

(1)　数学，英語のそれぞれの平均点を求めよ．また，それぞれの箱ひげ図をかけ．

(2)　箱ひげ図から，数学と英語の試験についてどのようなことがいえるか．

4 多次元のデータ

4.1 相関

散布図と相関　　前節では，1 つの変数に関するデータの代表値や散布度について学んだ．この節では，あるクラスの学生の身長と体重，あるいは国語の得点と数学の得点など，データが 2 つの変数の組として与えられるとき，その 2 つの変数の間の関係について調べる．

表 1 は，ある 3 つのグループ (A), (B), (C) に属する学生の，科目 X の試験の得点 X と，科目 Y の試験の得点 Y のデータの組である．

表 1

(A)

X	35	80	45	85	95	67	52	59	73	70
Y	50	90	38	68	88	80	70	54	69	45

(B)

X	10	18	26	34	42	50	58	66	74	82
Y	90	79	79	55	60	55	50	40	25	10

(C)

X	10	70	24	71	87	70	30	41	43	19
Y	31	46	53	70	74	19	60	11	48	25

　　2 つの変数 X と Y の間にどのような関係があるのかを調べるために，X の得点を x，Y の得点を y とし，これらのデータの組を平面上の点の座標 (x, y) と考えて，その点を下図のように座標平面上に表す．このような図を**散布図**または**相関図**という．散布図をみると，2 つの変数の間の関連性を視覚的にとらえることができる．破線は，X と Y の平均をそれぞれ $\overline{x}$, $\overline{y}$ としたとき，点 $(\overline{x}, \overline{y})$ を原点とした場合の座標軸である．

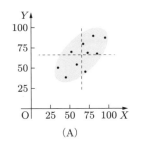
(A)

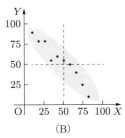
(B)

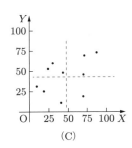
(C)

散布図 (A), (B) は X と Y の間に直線的な関係がみられる．図 (A) では X の値が増えると Y の値も増える傾向が読み取れるのに対し，図 (B) では X の値が増えると Y の値は減る傾向が読み取れる．図 (C) は，X と Y の間にとくにこれといった関係性はみられない．

　一般に，2 つの変数の間に，一方が増加すると他方も増加する傾向がみられるときは **正の相関** があるといい，一方が増加すると他方が減少する傾向がみられるときは **負の相関** があるという．したがって，図 (A) は正の相関があり，図 (B) は負の相関がある．

問4.1　次の図は学生 10 名の 3 科目 X, Y, Z の試験の得点 X, Y, Z についての，X と Y，および X と Z の散布図である．それぞれどのような相関があるといえるか答えよ．

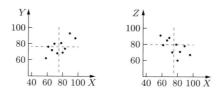

■ **相関係数**　相関の程度を 1 つの数値で表すことを考えよう．

　点 $(\overline{x}, \overline{y})$ を原点とするような座標軸をとるとき，与えられたデータ (x_i, y_i) $(i = 1, 2, \ldots, n)$ がどの象限に属するかを知るには，$x_i - \overline{x}$, $y_i - \overline{y}$ の符号を調べればよい．

$$
\begin{array}{c|c}
\multicolumn{1}{c}{} & X = \overline{x} \\[2pt]
\begin{array}{c} x_i - \overline{x} < 0 \\ y_i - \overline{y} > 0 \end{array} & \begin{array}{c} x_i - \overline{x} > 0 \\ y_i - \overline{y} > 0 \end{array} \\ \hline
\begin{array}{c} x_i - \overline{x} < 0 \\ y_i - \overline{y} < 0 \end{array} & \begin{array}{c} x_i - \overline{x} > 0 \\ y_i - \overline{y} < 0 \end{array}
\end{array}
\quad Y = \overline{y}
$$

　そこで，これらの積の総和である，$\displaystyle\sum_{i=1}^{n}(x_i - \overline{x})(y_i - \overline{y})$ を考える．これを X と Y の **偏差積和** といい，s_{xy} で表す．この値は，$x_i - \overline{x}$ と $y_i - \overline{y}$ が第 1 象限と第 3 象限に多くあれば正の値をとり，第 2 象限と第 4 象限に多くあれば負の値をとると考えられる．しかし，データの個数が多くなればこの値の絶対値は大きくなる．そこで，この値をデータの個数 n で割った値を考え，これを **共分散** といい，c_{xy} で表す．

$$c_{xy} = \frac{1}{n}s_{xy} = \frac{1}{n}\sum_{i=1}^{n}(x_i - \overline{x})(y_i - \overline{y})$$

この式を展開して整理すれば,

$$\begin{aligned}
c_{xy} &= \frac{1}{n}\sum_{i=1}^{n}(x_i - \overline{x})(y_i - \overline{y}) \\
&= \frac{1}{n}\sum_{i=1}^{n}(x_iy_i - x_i \cdot \overline{y} - \overline{x} \cdot y_i + \overline{x} \cdot \overline{y}) \\
&= \frac{1}{n}\sum_{i=1}^{n}x_iy_i - \overline{y} \cdot \frac{1}{n}\sum_{i=1}^{n}x_i - \overline{x} \cdot \frac{1}{n}\sum_{i=1}^{n}y_i + \overline{x} \cdot \overline{y}
\end{aligned}$$

となる. ここで, $\dfrac{1}{n}\sum_{i=1}^{n}x_i = \overline{x}$, $\dfrac{1}{n}\sum_{i=1}^{n}y_i = \overline{y}$ であり, $\dfrac{1}{n}\sum_{i=1}^{n}x_iy_i = \overline{xy}$ と表せば,

$$\begin{aligned}
c_{xy} &= \overline{xy} - \overline{y} \cdot \overline{x} - \overline{x} \cdot \overline{y} + \overline{x} \cdot \overline{y} \\
&= \overline{xy} - \overline{x} \cdot \overline{y}
\end{aligned}$$

と変形することができる.

　共分散 c_{xy} を X, Y のそれぞれの標準偏差の積 $\sigma_x \cdot \sigma_y$ で割った値を変数 X, Y の**相関係数**といい, r_{xy}, または単に r で表す.

　相関係数 r_{xy} は次のように変形できる.

$$r_{xy} = \frac{c_{xy}}{\sigma_x \cdot \sigma_y} = \frac{\dfrac{1}{n}s_{xy}}{\sqrt{\dfrac{1}{n}s_{xx}} \cdot \sqrt{\dfrac{1}{n}s_{yy}}} = \frac{s_{xy}}{\sqrt{s_{xx} \cdot s_{yy}}}$$

4.1　共分散と相関係数

$$c_{xy} = \frac{1}{n}s_{xy} = \overline{xy} - \overline{x} \cdot \overline{y}$$

$$r_{xy} = \frac{c_{xy}}{\sigma_x \cdot \sigma_y} = \frac{\overline{xy} - \overline{x} \cdot \overline{y}}{\sqrt{\overline{x^2} - \overline{x}^2} \cdot \sqrt{\overline{y^2} - \overline{y}^2}} = \frac{s_{xy}}{\sqrt{s_{xx} \cdot s_{yy}}}$$

相関係数 r は 2 つの変数の相関の強さを表す．一概にはいえないが，$|r| \geqq 0.7$ であれば「強い相関がある」，$|r| < 0.2$ であれば「ほとんど相関がない」というように表現されることが多い．相関係数については，4.2 節で詳しく述べる．

[note]　相関係数は $r_{xy} = \dfrac{c_{xy}}{\sigma_x \cdot \sigma_y} = \dfrac{1}{n} \displaystyle\sum_{i=1}^{n} \left(\dfrac{x_i - \overline{x}}{\sigma_x} \cdot \dfrac{y_i - \overline{y}}{\sigma_y} \right)$ であるので，変数 X, Y をそれぞれ標準化した値の積の平均であり，単位をもたない量である．

例 4.1　表 1(A) のデータの組について相関係数を求めるには，次のような表を作って計算する．

											計
X	35	80	45	85	95	67	52	59	73	70	661
Y	50	90	38	68	88	80	70	54	69	45	652
X^2	1225	6400	2025	7225	9025	4489	2704	3481	5329	4900	46803
Y^2	2500	8100	1444	4624	7744	6400	4900	2916	4761	2025	45414
XY	1750	7200	1710	5780	8360	5360	3640	3186	5037	3150	45173

$\overline{x} = \dfrac{661}{10}, \overline{y} = \dfrac{652}{10}, \overline{x^2} = \dfrac{46803}{10}, \overline{y^2} = \dfrac{45414}{10}, \overline{xy} = \dfrac{45173}{10}$ である．

よって，

$$\sigma_x = \sqrt{\overline{x^2} - \overline{x}^2} = \sqrt{311.09}, \quad \sigma_y = \sqrt{\overline{y^2} - \overline{y}^2} = \sqrt{290.36}$$

となる．また，$c_{xy} = \overline{xy} - \overline{x} \cdot \overline{y} = 207.58$ であるから，次が得られる．

$$r_{xy} = \frac{c_{xy}}{\sigma_x \cdot \sigma_y} = \frac{207.58}{\sqrt{311.09} \cdot \sqrt{290.36}}$$
$$= 0.6906 \cdots \fallingdotseq 0.69$$

問 4.2　表 1(B) のデータの組について，下の表を完成させて相関係数を求めよ．値は小数第 3 位を四捨五入せよ．

											計
X	10	18	26	34	42	50	58	66	74	82	460
Y	90	79	79	55	60	55	50	40	25	10	543
X^2											
Y^2											
XY											

[note] X, Y の間に「相関がない」ということは，それらの間に何の関係もないということではない．たとえば右図のように，データがすべて円上に，対称的にあるような場合の相関係数 r_{xy} を求めると，$|r_{xy}| < 0.2$ となり，「相関がない」ことになる．しかし，これらのデータには「1 つの円上にある」という関係がある．このように，相関があるかどうかは，2 次元のデータが，1 つの直線の近くにあるかどうかを表しているのである（4.2 節参照）．

(4.2) 回帰直線

回帰直線　2 つの変数 X, Y の間に相関があるとは，それらの変数の間に直線的な関係が認められるということである．よって，強い相関があるとは，散布図におけるデータの分布が，ある 1 つの直線の近くに集まっている状態を示している．

この節では，この直線の方程式を求めることを考える．

与えられたデータを $(x_1, y_1), (x_2, y_2), \ldots, (x_n, y_n)$ とし，求める直線を $y = ax + b$（a, b は定数）とする．

$x = x_i$ のときの直線上の点は $(x_i, ax_i + b)$ であるので，実際のデータとの y 軸方向の差を d_i とすると，$d_i = |y_i - (ax_i + b)|$ である．この差の総和が最小となるように定数 a, b を定めたいが，絶対値を含む式は取り扱いが不便である．そこで，差の 2 乗である d_i^2 の総和が最小になる場合を考える．その和は a, b の関数になるので，その関数を $f(a, b)$ とおくと，

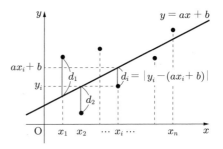

$$f(a, b) = \sum_{i=1}^{n} d_i^2 = \sum_{i=1}^{n} \{y_i - (ax_i + b)\}^2 \tag{4.1}$$

である．これが最小となるような a, b を求める．このような考え方を，**最小 2 乗法**という．

[note] $f(a, b)$ は a, b の 2 次式であり，負の値をとらない．また，a, b の値によっていくらでも大きな値をとり，最大値をもたない．よって，$f(a, b)$ は最小値をもち，そこでは極小にもなる．したがって，$f(a, b)$ の最小値を求めるためには，極値を求めればよい．

a, b を変数とする 2 変数関数 $f(a, b)$ が最小値をとる，極値をとる点では，$\dfrac{\partial f}{\partial a} = 0$, $\dfrac{\partial f}{\partial b} = 0$ が成り立つ．したがって，

$$
\begin{cases}
\dfrac{\partial f}{\partial a} = \displaystyle\sum_{i=1}^{n} 2\{y_i - (ax_i + b)\} \cdot (-x_i) = 0 \\[3mm]
\dfrac{\partial f}{\partial b} = \displaystyle\sum_{i=1}^{n} 2\{y_i - (ax_i + b)\} \cdot (-1) = 0
\end{cases}
$$

となる．これらの式の両辺を $-2n$ で割り整理すると，

$$
\begin{cases}
\dfrac{1}{n}\displaystyle\sum_{i=1}^{n} x_i y_i - a \cdot \dfrac{1}{n}\displaystyle\sum_{i=1}^{n} x_i{}^2 - b \cdot \dfrac{1}{n}\displaystyle\sum_{i=1}^{n} x_i = 0 & \cdots\cdots① \\[3mm]
\dfrac{1}{n}\displaystyle\sum_{i=1}^{n} y_i - a \cdot \dfrac{1}{n}\displaystyle\sum_{i=1}^{n} x_i - b = 0 & \cdots\cdots②
\end{cases}
$$

が得られる．さらに，

$$
\frac{1}{n}\sum_{i=1}^{n} x_i y_i = \overline{xy}, \quad \frac{1}{n}\sum_{i=1}^{n} x_i^2 = \overline{x^2}
$$

であるので，①，②はそれぞれ

$$
\begin{cases}
\overline{xy} - a\overline{x^2} - b\overline{x} = 0 & \cdots\cdots③ \\[2mm]
\overline{y} - a\overline{x} + b & \cdots\cdots④
\end{cases}
$$

となる．④より，この直線 $y = ax + b$ は点 $(\overline{x}, \overline{y})$ を通ることがわかる．ここで，$b = \overline{y} - a\overline{x}$ を③に代入して a について解くと，

$$
a = \frac{\overline{xy} - \overline{x} \cdot \overline{y}}{\overline{x^2} - \overline{x}^2}
$$

が得られる．この式の分母は変数 X の分散 σ_x^2 であり，分子は変数 X, Y の共分散 c_{xy} である．すなわち，直線の傾きは $a = \dfrac{c_{xy}}{\sigma_x^2} = \dfrac{s_{xy}}{s_{xx}}$ で表される．したがって，求める直線は，点 $(\overline{x}, \overline{y})$ を通り，傾きが a の直線であるから，次の式で表される．この直線を Y の X への**回帰直線**といい，独立変数 X を**説明変数**，従属変数 Y を**目的変数**という．

4.2　Y の X への回帰直線の方程式

$$y = a(x - \overline{x}) + \overline{y} \qquad ただし\ a = \frac{c_{xy}}{\sigma_x^2}$$

　この式は，X の値から Y の値を予測する式である．同様にして，x 軸方向の差の 2 乗の総和が最小になるようにすると，X の Y への回帰直線が得られ，次のような方程式で表される．

$$x = a'(y - \overline{y}) + \overline{x} \qquad ただし\ a' = \frac{c_{xy}}{\sigma_y^2} \tag{4.2}$$

これは，Y の値から X の値を予測する式であり，Y の X への回帰直線とは必ずしも一致しない．

[note]　　X の Y への回帰直線では，Y が説明変数，X が目的変数である．

例 4.2　　4.1 節の表 1(A) の場合は，例 4.1 より

$$\overline{x} = 66.1, \quad \overline{y} = 65.2, \quad \sigma_x^2 = 311.09, \quad c_{xy} = 207.58$$

であるから，Y の X への回帰直線は

$$y = \frac{207.58}{311.09}(x - 66.1) + 65.2$$

である．傾きを小数第 4 位で，切片を小数第 2 位で四捨五入すれば，

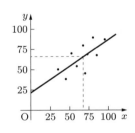

$$a = \frac{207.58}{311.09} \fallingdotseq 0.667$$
$$b = -\frac{207.58}{311.09} \cdot 66.1 + 65.2 \fallingdotseq 21.1$$

したがって　$y = 0.667x + 21.1$

である．この式から，たとえば $x = 60$ であるとき，$y = 0.667 \cdot 60 + 21.1 \fallingdotseq 61$ であると予想できる．

[note]　　回帰直線の傾きや切片を求めるときに，共分散や分散の値に近似値を用いると誤差が大きくなることがある．数値の扱いには注意が必要である．

問4.3　表 1(B) のデータの組について，次の問いに答えよ（問 4.2 参照）.

(1)　Y の X への回帰直線を求めよ．傾きおよび切片は小数第 3 位を四捨五入せよ．

(2)　X の得点が 85 点の学生の Y の得点を，回帰直線の式を用いて予想せよ．

▰ 相関係数と回帰直線

2つの変数 X, Y に関するデータ $(x_1, y_1), (x_2, y_2), \dots,$ (x_n, y_n) が与えられたとき，Y の X への回帰直線 $y = ax + b$ に対して，この直線と与えられたデータの y 軸方向の差 $d_i = y_i - (ax_i + b)$ を残差といい，$\displaystyle\sum_{i=1}^{n} d_i^2$ を残差平方和という．回帰直線 $y = ax + b$ は，この残差平方和が最小となるような直線である．求められた回帰直線に対して，d_i^2 の平均は，相関係数 r を用いて次のように表すことができる（証明は付録 A1.2 節を参照）.

$$\frac{1}{n} \sum_{i=1}^{n} d_i^2 = \sigma_y^2 (1 - r^2) \tag{4.3}$$

左辺は正であるから，$1 - r^2 \geqq 0$ より $-1 \leqq r \leqq 1$ である．さらに，すべてのデータが回帰直線上にあれば $d_i = 0$ であるので，そのようなときは $|r| = 1$ となる．逆に，$|r|$ の値が 1 に近いほど $\displaystyle\frac{1}{n} \sum_{i=1}^{n} d_i^2$ の値は 0 に近い値になり，それはデータが回帰直線の近くに分布することを意味する．散布図における点の分布が回帰直線の近くにあるときには，2 つの変数は相関が強く，回帰直線の近くにないときには，相関が弱い．

以上のことから，相関係数の性質は次のようにまとめられる．

4.3　相関係数の性質

相関係数 $r_{xy} = \dfrac{c_{xy}}{\sigma_x \cdot \sigma_y}$ は次の性質をもつ．

(1)　$-1 \leqq r_{xy} \leqq 1$

(2)　$|r_{xy}|$ の値が 1 に近いとき，X と Y の間の相関が強いと考えられる．とくに，$|r_{xy}| = 1$ のとき，すべての点は回帰直線上にある．

(3)　r_{xy} の値が 0 に近いとき，X と Y の間の相関が弱いと考えられる．

$\sigma_x > 0$, $\sigma_y > 0$ であるので，相関係数 r の符号は共分散 c_{xy} の符号と一致する．したがって，相関係数 r の符号は，回帰直線の傾きの符号とも一致する．また，回

帰直線で予測されたデータを $\widehat{Y}$ とし，X と Y，$\widehat{Y}$ と Y のそれぞれの相関係数を r_{xy}，$r_{\hat{y}y}$ とするとき，$r_{xy}^2 = r_{\hat{y}y}^2$ が成り立つ．

　回帰直線が与えられた実際のデータをどの程度説明しているかを表す指標を**決定係数**（または**寄与率**）といい，R^2 で表す．決定係数は実際のデータの値の変動量のうち，回帰直線で予測された値の変動量の占める割合を示し，

$$R^2 = \frac{s_{xy}^2}{s_{xx} \cdot s_{yy}} \tag{4.4}$$

で与えられ，この値は相関係数の 2 乗と一致する（詳細は付録 A1.3 節参照）．

問 4.4　2 変数 X, Y の平均と標準偏差をそれぞれ $\overline{x}, \overline{y}, \sigma_x, \sigma_y$ とし，相関係数を r とする．$r \neq 0$ とするとき，次の問いに答えよ．

(1)　Y の X への回帰直線の方程式は

$$\frac{y - \overline{y}}{\sigma_y} = r \cdot \frac{x - \overline{x}}{\sigma_x}$$

　　であることを証明せよ．

(2)　Y の X への回帰直線と，X の Y への回帰直線が一致するための必要十分条件は，$r = \pm 1$ であることを証明せよ．

(4.3) 重回帰分析

▥ 線形モデル　　前節で求めた Y の X への回帰直線の式は，X の値から Y の値を予測するものであり，

$$y = ax + b \tag{4.5}$$

と，y を x の 1 次式で表したものである．このような，目的変数を説明変数の 1 次式で予測する式を**線形モデル**という．

　一般に，

$$y = a_1 x_1 + a_2 x_2 + \cdots + a_m x_m + b \tag{4.6}$$

のように，目的変数 Y をいくつかの説明変数 $X_1, X_2, \ldots, X_m$ の 1 次式で予測する方法を**回帰分析**という．とくに，説明変数が 1 つである場合を**単回帰分析**，説明変数が 2 つ以上である場合を**重回帰分析**という．

　重回帰分析は, 前節の回帰分析の単純な発展として理解することができること
を, 具体的な例で考える. 表 2 は, 学生 10 人の, 1 年次における微積分と線形代
数の成績, および 2 年次における微分方程式とベクトル解析の成績である. どの成
績も, 10 点満点で評価している.

表 2

年次	学生成績	1	2	3	4	5	6	7	8	9	10
1	微積分 X_1	10	8	10	9	6	5	6	8	10	8
	線形代数 X_2	10	9	10	5	9	10	8	7	6	6
2	微分方程式 Y_1	9	10	10	8	8	4	7	8	9	7
	ベクトル解析 Y_2	10	9	10	7	8	7	7	7	9	6

　この表に基づいて, 微積分と線形代数の成績を説明変数, 微分方程式とベクトル
解析の成績を目的変数として, それぞれの組み合わせで下の図のように 4 種類の散
布図をかき, 決定係数 R^2 を記した. 図 (A) をみると, 2 年次の微分方程式の成績
は, 1 年次における微積分の成績と強く相関している ($R^2 = 0.58$) が, 図 (B) を
みると, 線形代数の成績とはほとんど相関していない ($R^2 = 0.02$). 一方, 図 (C),
(D) より, 2 年次のベクトル解析の成績は, 1 年次における微積分の成績と線形代
数の成績のどちらとも, 弱くであるが相関している (それぞれ $R^2 = 0.36, 0.29$).

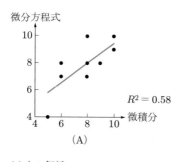
(A)

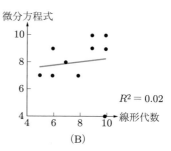
(B)

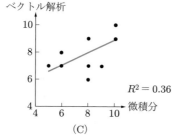
(C)

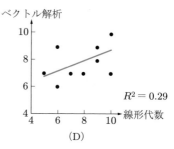
(D)

このことから，ベクトル解析の成績は，微積分または線形代数の成績のいずれか一方のみで説明するのではなく，これら2つの成績の両方を使ったほうがよりよく説明できるのではないかと考えられる．そこで，微積分の成績を x_1，線形代数の成績を x_2，そしてベクトル解析の成績を y として，

$$y = a_1 x_1 + a_2 x_2 + b$$

となる線形モデルを考え，係数 a_1, a_2, b をどのように定めれば，目的変数 y をもっともよく説明できるかを考える．

偏回帰係数　　以下，データ全体の個数を n とし，x_1 の具体的な値を x_{1i} $(1 \leqq i \leqq n)$ で表すことにする．x_2, y についても同様とすると，$(x_1, x_2) = (x_{1i}, x_{2i})$ のときに予測される y の値は $a_1 x_{1i} + a_2 x_{2i} + b$ である．このとき，実際のデータ y_i との差を d_i とし，4.2節と同様に，最小2乗法を用いる．すなわち，

$$f(a_1, a_2, b) = \sum_{i=1}^{n} \{y_i - (a_1 x_{1i} + a_2 x_{2i} + b)\}^2$$

が最小となるような a_1, a_2, b を求める．

最小値をとる点では，$\dfrac{\partial f}{\partial a_1} = 0,\ \dfrac{\partial f}{\partial a_2} = 0,\ \dfrac{\partial f}{\partial b} = 0$ が成り立つ．

$$\frac{\partial f}{\partial a_1} = \sum_{i=1}^{n} 2\{y_i - (a_1 x_{1i} + a_2 x_{2i} + b)\} \cdot (-x_{1i}) = 0$$

$$\frac{\partial f}{\partial a_2} = \sum_{i=1}^{n} 2\{y_i - (a_1 x_{1i} + a_2 x_{2i} + b)\} \cdot (-x_{2i}) = 0$$

$$\frac{\partial f}{\partial b} = \sum_{i=1}^{n} 2\{y_i - (a_1 x_{1i} + a_2 x_{2i} + b)\} \cdot (-1) = 0$$

それぞれの両辺を $2n$ で割って整理し，$\dfrac{1}{n}\sum y_i = \overline{y}$，$\dfrac{1}{n}\sum x_{1i} = \overline{x_1}$，$\dfrac{1}{n}\sum x_{2i} = \overline{x_2}$ などを用いて表すと

$$a_1 \overline{x_1^2} + a_2 \overline{x_1 x_2} + b\overline{x_1} = \overline{x_1 y} \qquad \cdots\cdots ①$$

$$a_1 \overline{x_1 x_2} + a_2 \overline{x_2^2} + b\overline{x_2} = \overline{x_2 y} \qquad \cdots\cdots ②$$

$$a_1 \overline{x_1} + a_2 \overline{x_2} + b = \overline{y} \qquad \cdots\cdots ③$$

が得られる. ①と③から b を消去すれば,

$$a_1(\overline{x_1^2} - \overline{x_1}^2) + a_2(\overline{x_1 x_2} - \overline{x_1}\ \overline{x_2}) = \overline{x_1 y} - \overline{x_1}\ \overline{y}$$

となる. したがって,

$$a_1 v_{x_1} + a_2 c_{x_1 x_2} = c_{x_1 y} \qquad \cdots\cdots ④$$

となる. 同様に, ②と③から b を消去して整理すれば,

$$a_1 c_{x_1 x_2} + a_2 v_{x_2} = c_{x_2 y} \qquad \cdots\cdots ⑤$$

となる. ④, ⑤の a_1, a_2 についての連立一次方程式を行列を用いて表せば,

$$\begin{pmatrix} v_{x_1} & c_{x_1 x_2} \\ c_{x_1 x_2} & v_{x_2} \end{pmatrix} \begin{pmatrix} a_1 \\ a_2 \end{pmatrix} = \begin{pmatrix} c_{x_1 y} \\ c_{x_2 y} \end{pmatrix} \qquad \cdots\cdots ⑥$$

となる. また, 連立方程式の両辺をそれぞれ n 倍すれば,

$$\begin{pmatrix} s_{x_1 x_1} & s_{x_1 x_2} \\ s_{x_1 x_2} & s_{x_2 x_2} \end{pmatrix} \begin{pmatrix} a_1 \\ a_2 \end{pmatrix} = \begin{pmatrix} s_{x_1 y} \\ s_{x_2 y} \end{pmatrix} \qquad \cdots\cdots ⑦$$

となる. ⑥, ⑦の左辺の係数行列が逆行列をもてば, a_1, a_2 は次のように求めることができる.

$$\begin{pmatrix} a_1 \\ a_2 \end{pmatrix} = \begin{pmatrix} v_{x_1} & c_{x_1 x_2} \\ c_{x_1 x_2} & v_{x_2} \end{pmatrix}^{-1} \begin{pmatrix} c_{x_1 y} \\ c_{x_2 y} \end{pmatrix} = \begin{pmatrix} s_{x_1 x_1} & s_{x_1 x_2} \\ s_{x_1 x_2} & s_{x_2 x_2} \end{pmatrix}^{-1} \begin{pmatrix} s_{x_1 y} \\ s_{x_2 y} \end{pmatrix}$$

$$(4.7)$$

さらに, ③と上で求めた a_1, a_2 に対して

$$b = \overline{y} - a_1 \overline{x_1} - a_2 \overline{x_2} \qquad \cdots\cdots ⑧$$

から b が得られる.

　一般に, 説明変数が m 個の場合も, 偏差積和, 偏差平方和を用いて

$$\begin{pmatrix} a_1 \\ a_2 \\ \vdots \\ a_m \end{pmatrix} = \begin{pmatrix} s_{x_1 x_1} & s_{x_1 x_2} & \cdots & s_{x_1 x_m} \\ s_{x_1 x_2} & s_{x_2 x_2} & \cdots & s_{x_2 x_m} \\ \vdots & \vdots & \cdots & \vdots \\ s_{x_1 x_m} & s_{x_2 x_m} & \cdots & s_{x_m x_m} \end{pmatrix}^{-1} \begin{pmatrix} s_{x_1 y} \\ s_{x_2 y} \\ \vdots \\ s_{x_m y} \end{pmatrix}$$

から $a_1, a_2, \ldots, a_m$ が求められ，$b = \overline{y} - a_1\overline{x_1} - a_2\overline{x_2} - \cdots - a_m\overline{x_m}$ から b が得られる．

このようにして得られる係数 a_i $(1 \leqq k \leqq m)$ を**偏回帰係数**という．

例4.3　表 2 について，微積分の成績 X_1 と線形代数の成績 X_2 を説明変数，ベクトル解析の成績 Y_2 を目的変数とする重回帰分析を行う．そのためには，以下のような表を作成する．

											計
X_1	10	8	10	9	6	5	6	8	10	8	80
X_2	10	9	10	5	9	10	8	7	6	6	80
Y_2	10	9	10	7	8	7	7	7	9	6	80
X_1^2	100	64	100	81	36	25	36	64	100	64	670
X_2^2	100	81	100	25	81	100	64	49	36	36	672
$X_1 X_2$	100	72	100	45	54	50	48	56	60	48	633
$X_1 Y_2$	100	72	100	63	48	35	42	56	90	48	654
$X_2 Y_2$	100	81	100	35	72	70	56	49	54	36	653

この表より，個々の変数の総和や平方和などを求めると，次のようになる．

$$\overline{x_1} = \frac{80}{10} = 8, \quad \overline{x_2} = \frac{80}{10} = 8, \quad \overline{y_2} = \frac{80}{10} = 8,$$

$$\overline{x_1^2} = \frac{670}{10} = 67, \quad \overline{x_2^2} = \frac{672}{10} = 67.2, \quad \overline{x_1 x_2} = \frac{633}{10} = 63.3,$$

$$\overline{x_1 y_2} = \frac{654}{10} = 65.4, \quad \overline{x_2 y_2} = \frac{653}{10} = 65.3$$

したがって，

$$v_{x_1} = \overline{x_1^2} - \overline{x_1}^2 = 3, \quad v_{x_2} = \overline{x_2^2} - \overline{x_2}^2 = 3.2,$$

$$c_{x_1 x_2} = \overline{x_1 x_2} - \overline{x_1} \cdot \overline{x_2} = -0.7,$$

$$c_{x_1 y_2} = \overline{x_1 y_2} - \overline{x_1} \cdot \overline{y_2} = 1.4, \quad c_{x_2 y_2} = \overline{x_2 y_2} - \overline{x_2} \cdot \overline{y_2} = 1.3$$

であるから，式 (4.7) より

$$\begin{pmatrix} a_1 \\ a_2 \end{pmatrix} = \begin{pmatrix} 3 & -0.7 \\ -0.7 & 3.2 \end{pmatrix}^{-1} \begin{pmatrix} 1.4 \\ 1.3 \end{pmatrix} \fallingdotseq \begin{pmatrix} 0.59 \\ 0.54 \end{pmatrix}$$

となる．また，⑧より

$$b = \overline{y_2} - a_1\overline{x_1} - a_2\overline{x_2}$$

$$\fallingdotseq 8 - 0.59 \cdot 8 - 0.54 \cdot 8 \fallingdotseq -1.04$$

であることを用いると，線形モデルとして次式が得られる．

$$y = 0.59x_1 + 0.54x_2 - 1.04$$

例 4.3 の線形モデルでは，説明変数 x_1 が 1 増えると目的変数 y は 0.59 だけ増加し，説明変数 x_2 の値が 1 増えると y の値は 0.54 だけ増加する．このように偏回帰係数は，その係数がかかっている説明変数が目的変数に及ぼす寄与の程度を表している．

問 4.5　下の変数 X_1, X_2 を説明変数，Y を目的変数とする重回帰分析を行い，線形モデルを求めよ．

	1	2	3	4	5	6	7	8	9	10
X_1	5	−3	0	5	−5	−7	4	0	−5	6
X_2	5	5	5	0	2	−7	0	−5	−6	1
Y	−3	−7	−5	3	−5	4	2	5	3	3

▓ 重相関係数と決定係数

例 4.3 の線形モデルより，たとえば 1 年次の成績が微積分 8 点，線形代数 5 点だった学生は，2 年次のベクトル解析の成績は，$0.59 \cdot 8 + 0.54 \cdot 5 - 1.04 \fallingdotseq 6$ 点を取ることが予測される．

しかし，実際には，他の数学科目や，数学を応用した科目（物理学，経済学など）のように，線形モデルに投入されていない他の成績やその他の要因の影響があるため，目的変数が厳密に予測できるわけではない．では，この重回帰分析によって得られる線形モデルは，目的変数に対する説明力をどの程度もつのだろうか．

それを知るために，線形モデル $y = a_1x_1 + a_2x_2 + b$ が予測したデータを $\widehat{Y}$ とし，Y の実際の値 y とその予測値 $\hat{y}$ がどのくらい一致しているかを Y と $\widehat{Y}$ の相関係数を使って表す．すなわち，

$$R_{y\hat{y}} = \frac{c_{y\hat{y}}}{\sigma_y \cdot \sigma_{\hat{y}}}$$

と定義する．この $R_{y\hat{y}}$ を線形モデルの**重相関係数**という．また，単回帰分析のときと同様に，線形モデルが与えられた実際のデータをどの程度説明しているかを表す指標を**決定係数**（または**寄与率**）といい，R^2 で表す．決定係数 R^2 は実際のデー

タの値の変動量のうち，線形モデルで予測された値の変動量の占める割合を示し，

$$R^2 = \frac{s_{y\hat{y}}^2}{s_{yy} \cdot s_{\hat{y}\hat{y}}} = \frac{c_{y\hat{y}}^2}{\sigma_y^2 \cdot \sigma_{\hat{y}}^2} \tag{4.8}$$

で与えられ，この値は重相関係数の 2 乗と一致する．

> [note] 決定係数は，説明変数が目的変数をどの程度説明しているかを表す指標である．
> しかし，説明変数の個数を多くすると，決定係数は大きくなる．とくに，(説明変数の個数) =
> (データの個数) $- 1$ を満たすときは $R^2 = 1$ となることがわかっている．
> また，R^2 は決定係数を表す記号であり，R の 2 乗を意味するものではない．決定係数は本
> 書で述べたものとは異なる式で定義することもあり，その場合は負の値をとることもある．

例 4.4 表 2 のデータについて，微積分の成績 X_1 と線形代数の成績 X_2 を説明変数，ベクトル解析の成績 Y_2 を目的変数とする線形モデルの決定係数を求める．そこで，以下のような表を作成する．

											計
X_1	10	8	10	9	6	5	6	8	10	8	80
X_2	10	9	10	5	9	10	8	7	6	6	80
Y_2	10	9	10	7	8	7	7	7	9	6	80
$\hat{Y}_2$	10	9	10	7	8	8	7	8	8	7	82
Y_2^2	100	81	100	49	64	49	49	49	81	36	658
$\hat{Y}_2^2$	100	81	100	49	64	64	49	64	64	49	684
$Y_2 \cdot \hat{Y}_2$	100	81	100	49	64	56	49	56	72	42	669

この表より，$\overline{y_2} = 8$，$\overline{\hat{y}_2} = 8.2$，$\overline{y_2^2} = 65.8$，$\overline{\hat{y}_2^2} = 68.4$，$\overline{y_2 \cdot \hat{y}_2} = 66.9$ である．
よって，$\sigma_{y_2}^2 = 1.8$，$\sigma_{\hat{y}_2}^2 = 1.16$，$c_{y_2\hat{y}_2} = 1.3$ であるから，式 (4.8) より次のようになる．

$$R^2 = \frac{c_{y_2\hat{y}_2}^2}{\sigma_{y_2}^2 \cdot \sigma_{\hat{y}_2}^2} = \frac{1.3^2}{1.8 \times 1.16} = 0.8093\cdots \fallingdotseq 0.81$$

問 4.6 問 4.5 で求めた線形モデルの決定係数 R^2 を求めよ．値は小数第 3 位を四捨五入せよ．

[note]　　偏回帰係数を求めるためには，連立一次方程式の係数行列の逆行列が存在しなければならない．この係数行列が存在しない状態を**多重共線性**が存在するという．説明変数が 2 つの場合，逆行列が存在しないのは

$$\begin{vmatrix} s_{x_1 x_1} & s_{x_1 x_2} \\ s_{x_1 x_2} & s_{x_2 x_2} \end{vmatrix} = 0$$

が成り立つ場合であるから，$s_{x_1 x_1} s_{x_2 x_2} - s_{x_1 x_2}^2 = 0$ のときである．これより

$$\frac{s_{x_1 x_2}^2}{s_{x_1 x_1} s_{x_2 x_2}} = 1 \qquad \text{したがって} \qquad r_{x_1 x_2}^2 = 1$$

となる．これは，x_1 が x_2 の 1 次式で表されることを示している．このような場合，x_1 と x_2 を別々の説明変数として扱うべきではない．

　一般に，ある 2 つの説明変数間の相関係数が大きいときは，どちらか一方の説明変数は線形モデルから省いて分析すべきである．このように，重回帰分析では互いに独立した説明変数で線形モデルを考えることが重要である．

練習問題 4

[1] (1) 変数 X, Y と変数 U, V の間に，$U = X - \alpha,\, V = Y - \beta$ という関係があるとき，$c_{uv} = c_{xy}$ であることを示せ．また，U, V の相関係数を r_{uv}，X, Y の相関係数を r_{xy} とするとき，$r_{uv} = r_{xy}$ であることを示せ．

(2) 変数 X, Y のデータの組が右の表で与えられているとする．

X	173	165	170	168	163	172	171
Y	78	72	68	69	60	71	73

$U = X - 170,\, V = Y - 70$

として変数 U, V を定義するとき，V の U への回帰直線を求めよ．また，その結果から，Y の X への回帰直線を求めよ．傾きおよび切片は小数第 3 位を四捨五入せよ．

[2] 右のデータは，培養液中のあるバクテリアの時刻 t のときの個体数 x を観察したものである．

t	0	1	2	3	4
x	20	31	47	72	109
$\log x$	3.00	3.43	3.85	4.28	4.69

この結果から，バクテリアの個体数 x は時刻 t が経過するにつれて指数関数的に増加する，すなわち $x = Ae^{kt}$（ただし，A, k は定数）が成り立つと予想できる．

(1) $y = \log x$ としたとき，y を A, k, t の式で表せ．

(2) (1) の式が y の t への回帰直線であることから，A, k の値を求めよ．A は小数第 2 位を，k は小数第 4 位をそれぞれ四捨五入して求めよ．

(3) (2) で求めた式を用いて，$t = 5$ のときの x の値を予想せよ．値は小数第 1 位を四捨五入し，整数で答えよ．

[3] 以下は 10 人の学生の数学，歴史，物理の試験の得点である．次の問いに答えよ．

数学 X	78	45	90	78	61	70	87	29	36	47
歴史 Y	56	65	81	49	86	38	60	48	73	78
物理 Z	87	63	98	70	63	84	79	42	58	40

(1) 数学の得点 X と物理の得点 Z の相関係数 r_{xz} を求めよ．値は小数第 3 位を四捨五入せよ．

(2) 物理の得点 Z の，数学の得点 X への回帰直線を求めよ．傾きは小数第 4 位を，切片は小数第 2 位を四捨五入せよ．

(3) 数学の得点 X，歴史の得点 Y を説明変数，物理の得点 Z を目的変数とする重回帰分析を行い，線形モデル $z = ax + by + c$ を求めよ．偏回帰係数 a, b は小数第 4 位を，切片 c は小数第 2 位を四捨五入せよ．

第 2 章の章末問題

1. 以下は，40 人のクラスで計算小テストを行い，全問正解するまでにかかった時間（単位 [秒]）をまとめたものである．小数点以下は切り捨てられ，整数値のみとなっている．また，データは昇順に並べ替えられている．以下の問いに答えよ．

   95 97 98 98 100 101 101 104 105 108 110 112 113 113 114 114 117 118
   118 119 119 122 123 123 124 126 126 127 129 130 132 134 134 136 136
   139 140 143 144 144

   (1) 95 秒以上 100 秒未満を最初の階級とし，階級の幅が 5 秒の度数分布表を作れ．
   (2) (1) の度数分布表から平均と分散を求めよ．分散は小数第 3 位を四捨五入せよ．
   (3) 95 秒以上 105 秒未満を最初の階級とし，階級の幅が 10 秒の度数分布表を作れ．
   (4) (3) の度数分布表から平均と分散を求めよ．

2. 変数 X について，その平均と分散がそれぞれ $\overline{x} = 62$, $v_x = 12$ である．定数 a, b を用いて $Y = aX + b$ と定義された変数 Y の平均と分散がそれぞれ $\overline{y} = 50$, $v_y = 3$ であるとき，定数 a, b の値を求めよ．

3. コンピュータのある演算プログラムにおいて，入力した変数の個数と演算に要した時間を調べたところ，右の表のようになった．次の問いに答えよ．

個数 x	50	100	200	1000	2000
時間 y	13.1	14.5	16.0	19.4	20.8

   (1) 変数 $z = \log x$ と y の関係を表にせよ．z の値は小数第 2 位を四捨五入せよ．
   (2) y の z への回帰直線を求めよ．値は小数第 3 位を四捨五入せよ．
   (3) $x = 5000$ のとき演算に要する時間を予想せよ．値は小数第 3 位を四捨五入せよ．

4. 次の表は，ある売店における 1 日の飲料水全体の売り上げ高と，その日の最高気温および正午における湿度である．次の問いに答えよ．

最高気温 [℃]	25.6	27.3	24.4	23.9	28.5	29.6	26.6	26.8	30.1	29.7
湿度 [%]	45	58	43	65	57	70	68	65	54	48
売り上げ高 [千円]	37	48	29	34	53	58	50	49	57	50

   (1) 最高気温および湿度を説明変数 X_1, X_2，売り上げ高を目的変数 Y として，線形モデル $y = a_1 x_1 + a_2 x_2 + b$ を求めよ．a_1, a_2, b のいずれも小数第 3 位を四捨五入せよ．
   (2) (1) で求めた線形モデルによる予測値を $\widehat{Y}$ とし，重相関係数 $R_{y\hat{y}}$ および決定係数 R^2 を求めよ．値は小数第 3 位を四捨五入せよ．

Chapter 3

推定と検定

5 標本分布

5.1 統計量と標本分布

全数調査と標本調査　全国の学生について，身長という特性がどのように分布しているかを調べるとする．このとき，全国の学生全員のように，調査の対象となる特性をもつもの全体，またはその身長のような特性の観測値（データ）全体を**母集団**という．たとえば，ある工場で製造する蛍光灯の寿命時間を検査するのであれば，その工場で作るすべての蛍光灯，または蛍光灯の寿命時間全体が，母集団である．母集団に属する個々の対象や値を**要素**といい，母集団に属するすべての要素の総数を**母集団の大きさ**という．母集団は，その大きさが有限か，無限であるかにより，それぞれ**有限母集団**，**無限母集団**という．

母集団から一部の要素を取り出すとき，取り出された要素の集合を**標本**という．標本に属する要素の個数を**標本の大きさ**といい，標本を取り出すことを**抽出する**という．

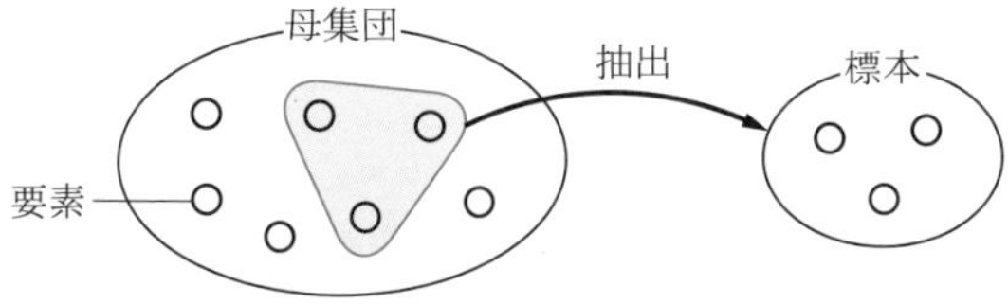

母集団に含まれるすべての要素を調べることを**全数調査**という．たとえば，5 年ごとの国勢調査は全数調査である．

一方，蛍光灯の寿命時間の調査のように，全数調査を行うことが困難である場合は，母集団から標本を抽出して調査を行う．このような方法を**標本調査**という．

標本調査の目的は，抽出された標本をもとに母集団の情報を推測することである．そのため，標本は母集団の状況が反映されるように偏りなく抽出されることが必要である．母集団のどの要素も抽出される確率が等しいとき，そのような抽出方法を**無作為抽出**といい，無作為抽出によって得られた標本を**無作為標本**という．

例 5.1　　(1)　学校の健康診断での身長や体重の調査は，全学生について調査するので全数調査である.

(2)　工場で生産される食品の賞味期限の調査は，すべての食品を調査するわけにはいかないので標本調査である.

(3)　大気中に含まれる汚染物質の濃度の調査は，大気中の一部を取り出して調査するので標本調査である.

標本調査を行うとき，標本の取り出し方には復元抽出と非復元抽出があるが，有限母集団に対する標本調査の場合，この抽出方法の違いにより結果に差が出ることがある. 無限母集団の場合には，抽出方法による違いはないと考えてよい. また，有限母集団の場合でも，母集団の大きさが標本の大きさに比べてきわめて大きければ，無限母集団と同様に抽出方法による違いはあまり現れないと考えてよい.

これ以降，標本の抽出は復元抽出として扱うこととする.

■統計量　　統計上の調査で実際に扱うのは，学生の身長 176 cm や，蛍光灯の寿命 19300 時間のように，母集団に属する要素についてのデータである. そのデータはある変数 X の値として得られ，X は確率変数である.

母集団について，ある変数 X の確率分布を**母集団分布**という. 母集団全体での，この変数 X の平均，分散，標準偏差をそれぞれ**母平均**，**母分散**，**母標準偏差**といい，このような母集団全体で計算された値を**母数**という.

たとえば，ある学校 1000 人の学生を母集団として身長を測定した場合，1000 人分の身長のデータから得られる平均，分散，標準偏差がそれぞれ母平均，母分散，母標準偏差である.

いま，母集団から無作為抽出された大きさ n の標本を $X_1, X_2, \ldots, X_n$ とする. 抽出方法は復元抽出を考えるので，この標本は，母集団から大きさ 1 の標本を無作為抽出するという試行を n 回繰り返す反復試行によって得られたものとみなせる. したがって，どの変数 X_i も母集団分布に従い，互いに独立な確率変数である.

標本 $X_1, X_2, \ldots, X_n$ から計算して得られる平均や分散などの数値を**統計量**という. 統計量は，標本 $X_1, X_2, \ldots, X_n$ の関数であり，確率変数である. この統計量が従う確率分布を**標本分布**という.

よく用いられる統計量として，次のようなものがある.

標本平均：$\overline{X} = \dfrac{1}{n} \displaystyle\sum_{i=1}^{n} X_i = \dfrac{1}{n}(X_1 + X_2 + \cdots + X_n)$ 　　　　　(5.1)

標本分散：$S^2 = \dfrac{1}{n} \displaystyle\sum_{i=1}^{n}(X_i - \overline{X})^2$ 　　　　　(5.2)

標本標準偏差：$S = \sqrt{\dfrac{1}{n} \displaystyle\sum_{i=1}^{n}(X_i - \overline{X})^2}$ 　　　　　(5.3)

■ **標本平均の平均と分散**　　標本平均などの統計量から母平均などの母数を推測するには，それらの標本分布がどのような確率分布に従うかを知る必要がある．そこで，まずは標本平均の平均と分散について考える．

平均が μ，分散が σ^2 の母集団から大きさ n の標本 $X_1, X_2, \ldots, X_n$ を無作為抽出する．取り出された標本は互いに独立な確率変数であり，それぞれが母集団分布に従うので，$E[X_i] = \mu, V[X_i] = \sigma^2 \ (i = 1, 2, \ldots, n)$ である．定理 2.13 を利用すると，

$$E[\overline{X}] = E\left[\frac{1}{n}(X_1 + X_2 + \cdots + X_n)\right]$$

$$= \frac{1}{n}\{E[X_1] + E[X_2] + \cdots + E[X_n]\} = \frac{1}{n} \cdot n\mu = \mu$$

$$V[\overline{X}] = V\left[\frac{1}{n}(X_1 + X_2 + \cdots + X_n)\right]$$

$$= \frac{1}{n^2}\{V[X_1] + V[X_2] + \cdots + V[X_n]\} = \frac{1}{n^2} \cdot n\sigma^2 = \frac{\sigma^2}{n}$$

である．したがって，次のことが成り立つ．

5.1　標本平均の平均と分散

母平均が μ，母分散が σ^2 である母集団から，大きさ n の標本 $X_1, X_2, \ldots, X_n$ を無作為抽出するとき，その標本平均 $\overline{X} = \dfrac{1}{n} \displaystyle\sum_{i=1}^{n} X_i$ の平均と分散は，次のようになる．

$$E[\overline{X}] = \mu, \quad V[\overline{X}] = \frac{\sigma^2}{n}$$

定理 5.1 より，$E[\overline{X}] = \mu$ であることから，標本平均 $\overline{X}$ の平均は母平均と一致す

る．また，$V[\overline{X}] = \dfrac{\sigma^2}{n}$ であるので，標本の大きさ n が大きくなるに従って，$\overline{X}$ の分散は 0 に近づく．これは，n が大きくなるほど，$\overline{X}$ の値が母平均 μ の近くにある確率が 1 に近づくということを意味している．この性質を**大数の法則**という．

例5.2　(1)　母平均が 30，母分散が 10 であるような母集団から，大きさ 5 の標本を抽出するとき，その標本平均 $\overline{X}$ について，$E[\overline{X}] = 30$, $V[\overline{X}] = \dfrac{10}{5} = 2$ である．

(2)　硬貨を 2 枚投げたときに表の出る枚数を X とする．X は 1 枚の硬貨を 2 回投げたときに表の出る回数と同じであると考えられるので，$B\left(2, \dfrac{1}{2}\right)$ に従

X	0	1	2	計
確率	$\dfrac{1}{4}$	$\dfrac{1}{2}$	$\dfrac{1}{4}$	1

う．したがって定理 2.6 より，$E[X] = 2 \cdot \dfrac{1}{2} = 1$, $V[X] = 2 \cdot \dfrac{1}{2} \cdot \dfrac{1}{2} = \dfrac{1}{2}$ である．この試行を 10 回行ったときに得られる標本平均を $\overline{X}$ とすると，$E[\overline{X}] = 1$, $V[\overline{X}] = \dfrac{1}{20}$ である．

問5.1　硬貨を 3 枚を同時に投げたとき，表の出る枚数を X とする．この試行を 20 回行ったときの標本平均を $\overline{X}$ とする．平均 $E[\overline{X}]$ と分散 $V[\overline{X}]$ を求めよ．

標本分散の平均　　次に，母集団から大きさ n の標本 $X_1, X_2, \ldots, X_n$ を無作為抽出したときの標本分散 S^2 の平均について考える．母平均を μ，母分散を σ^2 とする．各 X_i に対して，$E[X_i] = \mu$, $V[X_i] = \sigma^2$ であり，$V[X_i] = E[X_i^2] - E[X_i]^2$ より，

$$E[X_i^2] = V[X_i] + E[X_i]^2 = \sigma^2 + \mu^2$$

が成り立っている．また，同様にして，

$$E[\overline{X}^2] = V[\overline{X}] + E[\overline{X}]^2 = \frac{\sigma^2}{n} + \mu^2$$

となる．ここで，

$$S^2 = \frac{1}{n}\sum_{i=1}^{n}(X_i - \overline{X})^2 = \frac{1}{n}\sum_{i=1}^{n}X_i^2 - \overline{X}^2$$

であるので，標本分散 S^2 の平均は，

$$E[S^2] = E\left[\frac{1}{n}\sum_{i=1}^{n}X_i^2 - \overline{X}^2\right]$$

$$= \frac{1}{n} \sum_{i=1}^{n} E[X_i^2] - E[\overline{X}^2]$$

$$= \frac{1}{n} \sum_{i=1}^{n} \left(\sigma^2 + \mu^2 \right) - \left(\frac{\sigma^2}{n} + \mu^2 \right)$$

$$= \frac{1}{n} \cdot n(\sigma^2 + \mu^2) - \left(\frac{\sigma^2}{n} + \mu^2 \right) = \frac{n-1}{n} \sigma^2$$

となり，標本分散 S^2 の平均は母分散 σ^2 とは一致しないことがわかる．

ところで，$E[S^2] = \dfrac{n-1}{n} \sigma^2$ より，$E\left[\dfrac{n}{n-1} S^2 \right] = \sigma^2$ となるので，

$$U^2 = \frac{n}{n-1} S^2$$

とおけば，$E[U^2] = \sigma^2$ が成り立つ．この U^2 を標本から得られる**不偏分散**という．したがって，不偏分散の平均は母分散 σ^2 と一致する．

またこのとき，

$$U = \sqrt{\frac{n}{n-1} S^2} = \sqrt{\frac{1}{n-1} \sum_{i=1}^{n} (X_i - \overline{X})^2}$$

である．

5.2 標本分散と不偏分散

母分散が σ^2 である母集団から大きさ n の標本を無作為抽出したときの標本分散 S^2 と不偏分散 U^2 について，次が成り立つ．

$$U^2 = \frac{n}{n-1} S^2, \quad E[U^2] = \sigma^2$$

例 5.3 　例 5.2(2) の試行における標本の標本分散を S^2，不偏分散を U^2 とすれば，母分散は $\sigma^2 = \dfrac{1}{2}$ であるので，$n = 10$ より

$$E[S^2] = \frac{9}{10} \cdot \frac{1}{2} = \frac{9}{20}, \quad E[U^2] = \frac{1}{2}$$

となる．

問5.2　問 5.1 の反復試行における標本の標本分散を S^2，不偏分散を U^2 とするとき，$E[S^2]$, $E[U^2]$ を求めよ．

正規分布の再生性　　2 つの確率変数が互いに独立で，それぞれが正規分布に従うとき，それらの定数倍の和で表される確率変数も正規分布に従うことが知られている．これを**正規分布の再生性**という．

5.3　正規分布の再生性

確率変数 X_1, X_2 が互いに独立で，それぞれ正規分布 $N\left(\mu_1, \sigma_1^2\right), N\left(\mu_2, \sigma_2^2\right)$ に従うものとする．このとき，任意の定数 a_1, a_2 に対して，確率変数 $a_1X_1 + a_2X_2$ は正規分布 $N\left(a_1\mu_1 + a_2\mu_2, a_1^2\sigma_1^2 + a_2^2\sigma_2^2\right)$ に従う．

例5.4　　原材料となる 2 種類の板 A, B を貼り合わせて合板 C を生産する．板 A の厚さ X [mm]，板 B の厚さ Y [mm] がそれぞれ正規分布 $N(12, 0.12^2)$, $N(28, 0.16^2)$ に従い，それぞれの厚さは独立であるとする．合板 C を 2000 枚生産するとき，厚さが 40.5 mm 以上のものがどれくらいあるかを求めてみる．ただし，つなぎ目の厚さは無視できるとする．

定理 5.3 より，合板 C の厚さ $X + Y$ は正規分布 $N(12 + 28, 0.12^2 + 0.16^2)$ に従うので，合板 C の平均 μ と分散 σ^2 は

$$\mu = 12 + 28 = 40, \quad \sigma^2 = 0.12^2 + 0.16^2 = 0.2^2$$

となる．$Z = \dfrac{(X + Y) - 40}{0.2}$ とし，$X + Y = 40.5$ とすると $Z = \dfrac{40.5 - 40}{0.2} = 2.5$ となるので，

$$P(X + Y \geq 40.5) = P(Z \geq 2.5) = 0.5 - P(0 \leq Z \leq 2.5) = 0.00621$$

となる．

$2000 \cdot 0.00621 = 12.42$ より，12 枚は厚さ 40.5 mm 以上となる．

問5.3　別々の工場で作られる部品 A, B がある．部品 A と部品 B をそれぞれ 1 個ずつ組み合わせて製品 C が作られる．部品 A, B の重さ（単位は [g]）がそれぞれ正規分布 $N(13.4, 0.6^2)$, $N(21.8, 0.8^2)$ に従い，それぞれの重さは互いに独立であるとする．部品 A の重さを X，部品 B の重さを Y として次の問いに答えよ．
(1)　製品 C の重さはどのような分布に従うか．
(2)　製品 C を 5000 個作るとき，重さが 32.5 g 以下のものがどれくらいあるか．

正規分布 $N(\mu, \sigma^2)$ に従うような母集団を**正規母集団** $N(\mu, \sigma^2)$ という.

定理 5.3 は一般の n 変数でも成立する. このことを利用して $a_1 = a_2 = \cdots = a_n = \dfrac{1}{n}$ の場合を考えると, 定理 5.1 に対応して, 同一の正規母集団について, 定理 5.3 は次のように表すことができる.

5.4　正規母集団の標本平均

正規母集団 $N(\mu, \sigma^2)$ から抽出した大きさ n の無作為標本の標本平均 $\overline{X}$ は, 正規分布 $N\left(\mu, \dfrac{\sigma^2}{n}\right)$ に従う.

さらに, 標準化された確率変数 $Z = \dfrac{\overline{X} - \mu}{\sigma/\sqrt{n}}$ は, 標準正規分布 $N(0,1)$ に従う.

[note]　正規分布の標準化の確率に対応して, 標本平均 $\overline{X}$ については

$$P\left(\mu - \frac{\sigma}{\sqrt{n}} \leqq \overline{X} \leqq \mu + \frac{\sigma}{\sqrt{n}}\right) = 0.6826$$

$$P\left(\mu - 2 \cdot \frac{\sigma}{\sqrt{n}} \leqq \overline{X} \leqq \mu + 2 \cdot \frac{\sigma}{\sqrt{n}}\right) = 0.9544$$

$$P\left(\mu - 3 \cdot \frac{\sigma}{\sqrt{n}} \leqq \overline{X} \leqq \mu + 3 \cdot \frac{\sigma}{\sqrt{n}}\right) = 0.9973$$

が成り立つ. 標準偏差 σ は平均値 μ に対するデータの散布度を表すのに対し, $\dfrac{\sigma}{\sqrt{n}}$ は標本平均の散布度を表す. この $\dfrac{\sigma}{\sqrt{n}}$ を**標準誤差**という.

例題 5.1　**正規母集団の標本平均**

正規母集団 $N\left(6, \sqrt{3}^2\right)$ から大きさ 10 の標本を無作為抽出するとき, 標本平均 $\overline{X}$ が 5 より小さい確率を求めよ.

解　標本平均 $\overline{X}$ は正規分布 $N\left(6, \dfrac{\sqrt{3}^2}{10}\right)$ に従う. このとき, 確率変数 $Z = \dfrac{\overline{X} - 6}{\sqrt{3/10}}$ は標準正規分布 $N(0,1)$ に従う. したがって, 次のようになる.

$$P(\overline{X} < 5) = P\left(Z < \frac{5 - 6}{\sqrt{3/10}}\right)$$

$$\fallingdotseq P(Z < -1.83) = 0.5 - 0.4664 = 0.0336$$

問5.4　正規母集団 $N\left(7, \sqrt{5}^2\right)$ から大きさ 20 の標本を無作為抽出するとき，標本平均 $\overline{X}$ が次の範囲にある確率を求めよ.

(1)　$\overline{X} > 7.7$　　　　　(2)　$\overline{X} < 8.1$　　　　　(3)　$6.5 \leqq \overline{X} \leqq 8.0$

▌中心極限定理　　正規母集団から無作為抽出した標本の標本平均 $\overline{X}$ は，定理 5.4 より正規分布に従う. 一方，標本の大きさが十分に大きければ，母集団が正規分布に従わないときでも，標本平均 $\overline{X}$ は近似的に正規分布に従うことが知られている. このことを述べたのが，次の**中心極限定理**である.

5.5　中心極限定理

　確率変数 $X_1, X_2, \ldots, X_n$ が互いに独立で，平均 μ，分散 σ^2 であるような同一の確率分布に従うものとする. このとき，n が十分に大きいとき，平均
$$\overline{X} = \frac{1}{n}\sum_{i=1}^{n} X_i \text{ は，近似的に正規分布 } N\left(\mu, \frac{\sigma^2}{n}\right) \text{ に従う.}$$

　中心極限定理によって，統計学においては正規分布が重要であることがわかる.

　なお，標本の大きさがどの程度あれば，n が十分に大きいといえるかについては，取り扱っている母集団の内容や求められている近似の精度により異なる. 一般には，$n > 30$ であれば「十分に大きい」として中心極限定理を適用しても，実用上は問題がないといわれている. その意味で，$n > 30$ のときを**大標本**，$n \leqq 30$ のときを**小標本**ということがある.

　中心極限定理を利用して標本平均を標準化すると，次の定理が成り立つ.

5.6　大標本の標本平均

　平均 μ，分散 σ^2 の母集団から抽出した大きさ n の無作為標本の標本平均を $\overline{X}$ とする. $\overline{X}$ を標準化した $Z = \dfrac{\overline{X} - \mu}{\sigma/\sqrt{n}}$ は，n が十分に大きいとき，近似的に標準正規分布 $N(0,1)$ に従う.

[note]　中心極限定理は，平均と分散がわかっている確率分布について成り立つが，平均や分散が求められないような確率分布については，中心極限定理は成り立たない．その例として，コーシー分布がある．コーシー分布は次の確率密度関数で定義される．

$$f(x) = \frac{1}{\pi(1+x^2)}$$

　広義積分 $\displaystyle\int_{-\infty}^{\infty} x f(x)\,dx$ を計算すると，その値は存在しないことがわかる．したがって，コーシー分布では，平均は定義されない．

例題 5.2　大標本の標本平均

　ある家電メーカーが大量に生産する電球の消費電力は，平均 9.8 W，標準偏差 0.7 W であることが知られている．この電球を無作為に 50 個抽出したとき，その消費電力の平均が 10 W 以上である確率を求めよ．

- -

解　50 個の標本の消費電力の平均を $\overline{X}$ として，$P(\overline{X} \geqq 10)$ を求めればよい．母集団分布が不明であるが，$n = 50$ は十分に大きいので，定理 5.6 より，$Z = \dfrac{\overline{X} - 9.8}{0.7/\sqrt{50}}$ は近似的に $N(0,1)$ に従うと考えてよい．したがって，求める確率は次のようになる．

$$P(\overline{X} \geqq 10) = P\left(Z \geqq \frac{10 - 9.8}{0.7/\sqrt{50}}\right)$$
$$\fallingdotseq P(Z \geqq 2.02) = 0.5 - 0.4783 = 0.0217$$

問5.5　あるみかん園で大量に収穫されるみかんの重量 X は平均 105 g，標準偏差 12 g であることがわかっている．このみかん園で収穫されたみかんを無作為に 40 個抽出したとき，その平均重量 $\overline{X}$ が 100 g 以上である確率を求めよ．

二項母集団と母比率　視聴率調査や政党支持率の調査などは，調査対象となる母集団の各要素は，ある番組を「見た」か「見なかった」か，ある政党を「支持する」か「支持しない」かのいずれかに分かれることになる．このように，母集団の各要素がある 1 つの特性を持つか持たないかのどちらかであるとき，そのような母集団を**二項母集団**といい，二項母集団の中でこの特性をもつ要素の割合を**母比率**という．

　二項母集団において，無作為に大きさ 1 の標本を抽出したとき，その標本がこの特性をもつときは $X = 1$，もたないときは $X = 0$ を対応させると，変数 X は確

率変数になる. 母比率 p の二項母集団の母集団分布は, 右の
表のように表される.

X	1	0	計
確率	p	$1-p$	1

　母比率 p の二項母集団が $B(1, p)$ に従うと考えれば, その
母平均, 母分散, そして母標準偏差は, 次のように計算される [→定理 2.6].

母平均 　　　: 　$\mu = E[X] = 1 \cdot p = p$

母分散 　　　: 　$\sigma^2 = V[X] = 1 \cdot p \cdot (1-p) = p(1-p)$

母標準偏差 : 　$\sigma = \sqrt{p(1-p)}$

　母比率 p の二項母集団から抽出した大きさ n の無作為標本 $X_1, X_2, \ldots, X_n$ に
ついて, $X_1 + X_2 + \cdots + X_n$ は標本の中で, この特性をもつ要素の個数を表し, 二
項分布 $B(n, p)$ に従う. このとき, 標本平均 $\overline{X} = \dfrac{1}{n}(X_1 + X_2 + \cdots + X_n)$ は標
本の中でこの特性をもつ要素の割合を表している. これを**標本比率**といい, 記号 $\widehat{P}$
で表す.

　定理 5.1 より, 標本比率 $\widehat{P}$ の平均, 分散, 標準偏差は次のようになる.

$$E[\widehat{P}] = p, \quad V[\widehat{P}] = \frac{p(1-p)}{n}, \quad \sigma[\widehat{P}] = \sqrt{\frac{p(1-p)}{n}} \tag{5.4}$$

　さらに, 二項母集団に中心極限定理 (定理 5.5) を適用することによって, 次の
定理が得られる.

5.7　大標本の標本比率

　母比率 p の二項母集団から抽出した大きさ n の無作為標本の標本比率 $\widehat{P}$ に
ついて, $Z = \dfrac{\widehat{P} - p}{\sqrt{p(1-p)/n}}$ は, n が十分大きいとき, 近似的に標準正規分布
$N(0, 1)$ に従う.

例題 5.3　**大標本の標本比率**

　箱の中に製品が多数入っていて, その中の不良品の割合は 5% である. この箱
の中から 50 個の製品を無作為抽出し, 不良品の個数 X を調べ, その標本比率を
$\widehat{P} = \dfrac{X}{50}$ とする. このとき, $\widehat{P}$ の平均と標準偏差を求めよ. また, $X \geqq 5$ となる
確率を求めよ. 標準偏差は小数第 4 位を四捨五入せよ.

解　標本の大きさは 50 であり，十分に大きい．母比率は 0.05 であるので，

$$E[\widehat{P}] = 0.05, \quad \sigma[\widehat{P}] = \sqrt{0.05 \cdot 0.95/50} = 0.030822\cdots \fallingdotseq 0.031$$

となる．次に，$Z = \dfrac{\widehat{P} - 0.05}{\sqrt{0.05 \cdot 0.95/50}}$ は近似的に $N(0,1)$ に従うので，$X \geqq 5$ より

$\widehat{P} \geqq \dfrac{5}{50} = 0.1$ となる確率は，次のようになる．

$$P(X \geqq 5) = P(\widehat{P} \geqq 0.1) = P\left(Z \geqq \frac{0.1 - 0.05}{\sqrt{0.05 \cdot 0.95/50}} \right) \fallingdotseq P(Z \geqq 1.62) = 0.0526$$

問5.6　例題 5.3 と同じ箱の中から製品を 100 個取り出したとき，不良品の個数 X に対する標本比率 $\widehat{P}$ の平均と標準偏差を求めよ．また，$X \geqq 4$ となる確率を求めよ．標準偏差は小数第 4 位を四捨五入せよ．

5.2　いろいろな確率分布

　ここでは，第 6，7 節の推定・検定でよく用いられる，正規分布以外の重要な 2 つの確率分布について説明する（それぞれの確率密度関数は，付録 A1.6 節参照）．

χ² 分布　　正規分布 $N(\mu, \sigma^2)$ に従う母集団から大きさ n の標本 $X_1, X_2, \ldots,$ X_n を無作為抽出したとき，X_i を標準化した $Z_i = \dfrac{X_i - \mu}{\sigma}$ に対して $\displaystyle\sum_{i=1}^{n} Z_i^2$ の分布を調べる．この分布は観測値が理論値とどの程度一致するかを調べるときに用いられる．

　一般に，n 個の確率変数 $Z_1, Z_2, \ldots, Z_n$ が互いに独立で，いずれも標準正規分布 $N(0,1)$ に従うとき，確率変数

$$X = Z_1{}^2 + Z_2{}^2 + \cdots + Z_n{}^2$$

が従う分布を，**自由度 n の χ^2 分布（カイ 2 乗分布）**という．右の図は，$n = 1, 2, 3, 4, 5$ のときの，自由度 n の χ^2 分布の確率密度関数 $f(x)$ のグラフである．

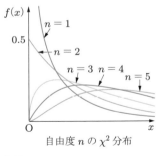

自由度 n の χ^2 分布

例 5.5　　正規母集団 $N(2, 5^2)$ から大きさ 3 の無作為標本 X_1, X_2, X_3 を取り出したとき，$Z_i = \dfrac{X_i - 2}{5}$ $(i = 1, 2, 3)$ はそれぞれ標準正規分布 $N(0, 1)$ に従う．したがって，χ^2 分布の定義より，$\displaystyle\sum_{i=1}^{3} \left(\dfrac{X_i - 2}{5} \right)^2$ は自由度 3 の χ^2 分布に従う．

巻末の χ^2 分布表（付表 3）は，確率変数 X が自由度 n の χ^2 分布に従うとき，よく用いられるいくつかの値 α に対して，

$$P(X \geqq k) = \alpha$$

を満たす k の近似値を示したものである．この k の値を $\chi^2{}_n(\alpha)$ と書き，**χ^2 分布の（上側）α 点**または **100α % 点**という．

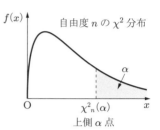

例 5.6　　X が自由度 10 の χ^2 分布に従うとき，χ^2 分布表により $\chi^2{}_{10}(0.05) = 18.31$ であるから，$P(X \geqq 18.31) = 0.05$ である．したがって，$P(X < 18.31) = 0.95$ である．$X \geqq 0$ であるので，これは $P(0 \leqq X < 18.31) = 0.95$ ということである．

問 5.7　χ^2 分布表を用いて，次の値を求めよ．

(1)　$\chi^2{}_{10}(0.95)$ 　　　　　　(2)　$\chi^2{}_7(0.025)$ 　　　　　　(3)　$\chi^2{}_{18}(0.99)$

問 5.8　X が自由度 15 の χ^2 分布に従うとき，次の確率を求めよ．

(1)　$P(X < 6.262)$ 　　　　　　(2)　$P(5.229 < X < 22.31)$

χ^2 分布については，次の定理が知られている．

5.8　χ^2 分布に従う統計量

正規母集団 $N(\mu, \sigma^2)$ から抽出した大きさ n の無作為標本の標本平均を $\overline{X}$，標本分散を S^2，不偏分散を U^2 とするとき，

$$X = \sum_{i=1}^{n} \left(\frac{X_i - \overline{X}}{\sigma} \right)^2 = \frac{nS^2}{\sigma^2} = \frac{(n-1)U^2}{\sigma^2}$$

は自由度 $n - 1$ の χ^2 分布に従う．

[note]　　自由度とは，その名のとおり「自由にとりうる変数の個数」のことである．定理 5.8 では，n 個の変数 $X_1 - \overline{X}$, $X_2 - \overline{X}$, ..., $X_n - \overline{X}$ が使われているが，これらの変数の間には

$$(X_1 - \overline{X}) + (X_2 - \overline{X}) + \cdots + (X_n - \overline{X}) = (X_1 + X_2 + \cdots + X_n) - n\overline{X} = 0$$

という関係が成り立つ．この式は，任意の 1 個の変数を，残りの $n-1$ 個の変数で表すことができることを示している．したがって，自由にとることができる変数は $n-1$ 個となり，自由度は $n-1$ となる．

　一般に，統計量の式において，母平均 μ が標本平均 $\overline{X}$ に置き換われば，自由度は 1 つ減ることになる．

例 5.7　　正規母集団 $N(\mu, 5^2)$ から抽出した大きさ 20 の無作為標本の標本分散 S^2 について，$P(S^2 < k) = 0.99$ となる k を求める．

　定理 5.8 より，$\dfrac{20S^2}{5^2}$ は自由度 19 の χ^2 分布に従う．χ^2 分布表から

$$P\left(\frac{20S^2}{5^2} \geqq 36.19 \right) = 0.01$$

である．$S^2 \geqq 36.19 \cdot \dfrac{5^2}{20} \fallingdotseq 45.24$ となるので，$P(S^2 \geqq 45.24) = 0.01$ が成り立つ．このとき，$P(S^2 < 45.24) = 0.99$ である．したがって，$k = 45.24$ である．

問 5.9　正規母集団 $N(\mu, 9)$ から抽出した大きさ 25 の無作為標本の標本分散 S^2 について，$P(S^2 \geqq k) = 0.05$ となる k の値を求めよ．値は小数第 3 位を四捨五入せよ．

t 分布

第 6 節以降で学ぶ推定や検定では，母分散が未知であるとき，標本平均 $\overline{X}$ と不偏分散 U^2 に対して，$\dfrac{\overline{X} - \mu}{U/\sqrt{n}}$ という統計量を用いることがある．この統計量がどのような分布に従っているかを調べるときに必要となるのが t 分布である．

　一般に，確率変数 Z が標準正規分布 $N(0,1)$ に，確率変数 X が自由度 n の χ^2 分布に従い，Z と X は互いに独立であるとする．このとき，

$$T = \frac{Z}{\sqrt{X/n}}$$

が従う分布を，**自由度 n の t 分布**という．そのグラフは，右図のような直線 $t = 0$

に関して対称な曲線である．t 分布は，自由度
n が大きくなるに従い，標準正規分布 $N(0,1)$
に近づくことが知られている．

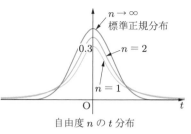

自由度 n の t 分布

巻末の t 分布表（付表 4）は，確率変数 T
が自由度 n の t 分布に従うとき，よく用い
られる値 α に対して，

$$P(|T| \geq k) = P(T \leq -k \text{ または } T \geq k)$$
$$= \alpha$$

を満たす k の近似値を示したものである．こ
の k の値を $t_n(\alpha)$ と書き，**t 分布の（両側）
α 点または 100α % 点**という．

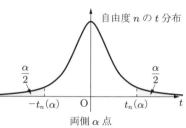

両側 α 点

例5.8　T が自由度 10 の t 分布に従うとき，t 分布表により $t_{10}(0.05) = 2.228$ で
あるので，$P(|T| \geq 2.228) = 0.05$ である．したがって，$P(|T| < 2.228) = 0.95$
である．グラフの対称性より，$P(T \geq 2.228) = 0.025$ であることもわかる．

問5.10　t 分布表から，次の値を求めよ．
(1)　$t_{10}(0.1)$　　　　　(2)　$t_{13}(0.01)$　　　　　(3)　$t_{19}(0.02)$

問5.11　T が自由度 6 の t 分布に従うとき，次の確率を求めよ．
(1)　$P(|T| \geq 2.447)$　　　(2)　$P(T > -3.143)$　　　(3)　$P(-2.447 < T < 3.707)$

正規母集団 $N(\mu, \sigma^2)$ から抽出された大きさ n の無作為標本の標本平均 $\overline{X}$ に対
して，標準化された確率変数 $Z = \dfrac{\overline{X} - \mu}{\sigma/\sqrt{n}}$ は，定理 5.4 より標準正規分布 $N(0,1)$
に従う．また，定理 5.8 より，$X = \dfrac{(n-1)U^2}{\sigma^2}$ は自由度 $n-1$ の χ^2 分布に従
う．この 2 つの確率変数 X, Z は独立であることが知られているので，t 分布の定
義より，

$$T = \frac{Z}{\sqrt{X/(n-1)}} = \frac{\overline{X} - \mu}{\sigma/\sqrt{n}} \bigg/ \sqrt{\frac{(n-1)U^2}{(n-1)\sigma^2}} = \frac{\overline{X} - \mu}{U/\sqrt{n}}$$

は自由度 $n-1$ の t 分布に従うことがわかる．

以上のことから，次が成り立つ．

5.9 t 分布に従う統計量

　正規母集団 $N(\mu, \sigma^2)$ から抽出した大きさ n の無作為標本の標本平均を $\overline{X}$，不偏分散を U^2 とするとき，

$$T = \frac{\overline{X} - \mu}{U/\sqrt{n}}$$

は自由度 $n-1$ の t 分布に従う．

練習問題 5

[1]　1, 1, 1, 1, 2, 2, 2, 3, 3, 4 と書かれた 10 枚のカードがある．この中から 1 枚のカードを無作為に選んだときの，カードの数字を X とする．

(1)　X の確率分布表を作り，平均 $E[X]$ と標準偏差 $\sigma[X]$ を求めよ．

(2)　この 10 枚のカードから無作為に 4 枚のカードを復元抽出したとき，選んだカードの標本平均を $\overline{X}$ とする．このとき，標本平均 $\overline{X}$ の平均 $E[\overline{X}]$ と標準偏差 $\sigma[\overline{X}]$ を求めよ．

[2]　平均が 320，標準偏差が 25 である母集団から大きさ 2401 の標本を復元抽出するとき，ある正の実数 α に対して，標本平均 $\overline{X}$ が

$$P(320 - \alpha \leqq \overline{X} \leqq 320 + \alpha) = 0.95$$

であったという．正の実数 α を求めよ．

[3]　さいころを 60 回振ったときに出る目の平均を $\overline{X}$ とする．このとき，次の問いに答えよ．

(1)　$\overline{X}$ の平均と分散を求めよ．

(2)　$\overline{X} \geqq 4$ となる確率を求めよ．

[4]　内容量を X mL とし，X が平均 250 mL，標準偏差 5 mL の確率分布に従う缶入り飲料水がある．この飲料水を無作為に 50 本選ぶとき，その内容量の平均が 249 mL 以上 251 mL 以下である確率を求めよ．

[5]　ある試験はマークシート方式で行われ，設問数が 90 問ある．それぞれについて 3 つずつの選択肢が設けられており，40 問以上正解であれば合格である．この試験にでたらめに答えて合格する確率を求めよ．

[6]　確率変数 X, Y が互いに独立で，X は正規分布 $N(5, 3^2)$ に，Y は自由度 4 の χ^2 分布にそれぞれ従うとき，$\dfrac{2X - 10}{3\sqrt{Y}}$ はどのような分布に従うか．

[7]　正規母集団 $N(7, 4^2)$ から無作為に 18 個の標本を抽出する．このときの標本分散 S^2 が 29.7 より大きくなる確率を求めよ．

6 統計的推定

6.1 点推定

この節では，標本調査から得られた情報に対して，統計的な計算をして，母平均や母比率，母分散などの母数を推定することを考える．このような方法を**統計的推定**という．

点推定　標本調査によって得られた実際の値を**実現値**という．得られた実現値から，母数を 1 つの値により推定することを**点推定**という．推定のために用いられる統計量を**推定量**といい，推定量の実現値を母数の**推定値**という．推定量は確率変数であるので大文字 X, Z, T などで表し，推定値は小文字 x, z, t などで表す．

ある推定量の平均が母数と一致するとき，この推定量は**不偏性**をもつといい，この推定量を母数の**不偏推定量**という．一般に，点推定にはこの不偏推定量が用いられる．

たとえば，母平均が μ，母分散が σ^2 である母集団を考える．そこから大きさ n の標本を無作為抽出するとき，その標本平均 $\overline{X}$ に対して，定理 5.1 より

$$E[\overline{X}] = \mu$$

が成り立つ．したがって，標本平均は母平均の不偏推定量である．

母分散については，標本分散 S^2 と不偏分散 U^2 が推定量として考えられるが，定理 5.2 より

$$E[U^2] = \sigma^2$$

となるので，不偏分散 U^2 が母分散の不偏推定量である．

したがって，母集団から無作為抽出された n 個の標本の実現値を $x_1, x_2, \ldots, x_n$ とするとき，母平均や母分散の不偏推定値は，それぞれ次の式で求められる．

$$\text{母平均の不偏推定値：} \overline{x} = \frac{1}{n} \sum_{i=1}^{n} x_i \tag{6.1}$$

$$\text{母分散の不偏推定値：} u^2 = \frac{1}{n-1} \sum_{i=1}^{n} (x_i - \overline{x})^2 = \frac{n}{n-1} s^2 \tag{6.2}$$

$$\left(\text{ただし，} s^2 = \overline{x^2} - \overline{x}^2, \ u \geqq 0, \ u = \sqrt{\frac{n}{n-1} s^2} \right)$$

例6.1　　母集団から無作為抽出によって次のような標本を得た.

$$19 \quad 27 \quad 34 \quad 23 \quad 31 \quad 25 \quad 22 \quad 21 \quad 24 \quad 18$$

これは標本の実現値である. 標本平均の実現値を $\bar{x}$ とすれば,

$$\bar{x} = \frac{1}{10} \sum_{i=1}^{10} x_i = \frac{1}{10} \cdot 244 = 24.4$$

となるから, 母平均の不偏推定値は 24.4 である.

また, 不偏分散の実現値を u^2 とすれば, $\displaystyle\sum_{i=1}^{10} x_i^2 = 6186$ より,

$$u^2 = \frac{10}{9} \left(\frac{1}{10} \sum_{i=1}^{10} x_i^2 - \bar{x}^2 \right)$$
$$= \frac{1}{9} \left\{ 6186 - 10 \cdot (24.4)^2 \right\} = 25.8222 \cdots \fallingdotseq 25.82$$

となるから, 母分散の不偏推定値は 25.82 である.

問6.1　あるマンションに住む各世帯の月ごとのガス使用量 [m^3/月] の平均を調べるため, 無作為に 10 世帯を選び出し調査をしたところ, 次の標本が得られた. これらから, マンション全世帯のガス使用量の平均 μ および分散 σ^2 を不偏推定値により点推定せよ. 値は小数第 3 位を四捨五入せよ.

$$35.53 \quad 28.27 \quad 37.31 \quad 28.11 \quad 18.56 \quad 27.48 \quad 35.68 \quad 40.23 \quad 29.09 \quad 37.45$$

（6.2）母平均の区間推定

区間推定　　点推定は, 無作為標本から統計的な計算をして得られた 1 つの数値 t で, 「母数 θ の推定値は t である」とする方法である. この場合, 標本の実現値が変わると推定値も変わるため, 推定値の信頼性を客観的に評価することができない. そこで, 「母数 θ が区間 $t_1 \leqq \theta \leqq t_2$ の範囲にある確率が 95% である」というように, 一定の確率で母数 θ が含まれるような区間を推定する方法を考える. これを**区間推定**という.

　ある母数 θ について区間推定を行うとき, 推定する区間を**信頼区間**という. また, その信頼区間に母数 θ が含まれる確率を, その区間の**信頼度**または**信頼係数**という. たとえば, 信頼度が 95% のとき, その信頼区間を 95% 信頼区間という. 信

頼度には 95% や 99% がよく用いられる. さらに, 信頼区間 $t_1 \leqq \theta \leqq t_2$ の端点 t_1 を **信頼下界**, t_2 を **信頼上界** といい, この 2 つの値を **信頼限界** という.

信頼区間の具体的な求め方と信頼度の意味を, 次の例で示す.

例6.2　母平均が未知である正規母集団 $N(\mu, 4^2)$ の, μ の 95% 信頼区間を求める. この母集団から 25 個の標本を無作為抽出して得られる標本平均を $\overline{X}$ とする. $\overline{X}$ は, 定理 5.4 より, 正規分布 $N\left(\mu, \left(\dfrac{4}{5}\right)^2\right)$ に従い, さらに, 標準化された $Z = \dfrac{\overline{X} - \mu}{4/5}$ は標準正規分布 $N(0, 1)$ に従う.

したがって, $P(-1.960 \leqq Z \leqq 1.960) = 0.95$ が成り立つ. このことは, 標本調査から得られた $\overline{X}$ の 1 つの実現値 $\overline{x}$ に対して,

$$-1.960 \leqq \frac{\overline{x} - \mu}{4/5} \leqq 1.960 \qquad \cdots\cdots ①$$

を満たす確率が 95% であることを意味する. これを μ について解くと,

$$\overline{x} - 1.960 \cdot \frac{4}{5} \leqq \mu \leqq \overline{x} + 1.960 \cdot \frac{4}{5} \qquad \cdots\cdots ②$$

が得られる. たとえば,

$$\overline{x} = 3 \text{ であれば,}\ 1.432 \leqq \mu \leqq 4.568$$
$$\overline{x} = 5 \text{ であれば,}\ 3.432 \leqq \mu \leqq 6.568$$

が, それぞれ求める 95% 信頼区間となる.

つまり, 標本調査を行うごとに, 標本平均の実現値は異なり, そこから得られる信頼区間も異なる. 母平均 μ は未知ではあるが, ある 1 つの定まった値であるので, 標本調査から得られる信頼区間は μ を含むか, 含まないかのいずれかである. しかし, 標本調査から得られた実現値 $\overline{x}$ が式 ① を満たす確率は 95% である. このため, 標本調査を 20 回行ったとすれば, そのうち 19 個程度の $\overline{x}$ は式①を満たし, そこから得られた同じ 19 個程度の式②は母平均を含むことになる (次ページの図参照). これが, 信頼度 95% の意味である.

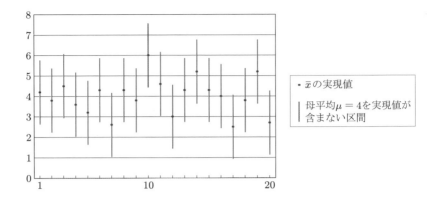

この節では，母平均 μ が未知である正規母集団 $N(\mu, \sigma^2)$ から抽出された無作為標本の標本平均を用いて，母平均 μ を区間推定することを考える．

母分散が既知の場合

母分散が既知の場合の母平均 μ の信頼区間は，次のように求められる．

定理 5.4 より，大きさ n の標本の標本平均 $\overline{X}$ は正規分布 $N\left(\mu, \dfrac{\sigma^2}{n}\right)$ に従い，

$$Z = \frac{\overline{X} - \mu}{\sigma/\sqrt{n}} \text{ は標準正規分布 } N(0,1) \text{ に従う}$$

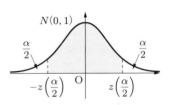

ことがいえる．

したがって，$0 < \alpha < 1$ である α に対して，

$$P\left(-z\left(\frac{\alpha}{2}\right) \leqq \frac{\overline{X} - \mu}{\sigma/\sqrt{n}} \leqq z\left(\frac{\alpha}{2}\right)\right) = 1 - \alpha$$

が成り立つ．この式は，標本平均の1つの実現値 $\overline{x}$ に対して，

$$-z\left(\frac{\alpha}{2}\right) \leqq \frac{\overline{x} - \mu}{\sigma/\sqrt{n}} \leqq z\left(\frac{\alpha}{2}\right)$$

となる確率が $100(1-\alpha)\%$ であることを意味する．この不等式を μ について解けば，

$$\overline{x} - z\left(\frac{\alpha}{2}\right)\frac{\sigma}{\sqrt{n}} \leqq \mu \leqq \overline{x} + z\left(\frac{\alpha}{2}\right)\frac{\sigma}{\sqrt{n}}$$

が得られる．これが母平均 μ の $100(1-\alpha)\%$ 信頼区間である．

6.1　母平均の区間推定：母分散が既知の場合

母分散 σ^2 が既知である正規母集団 $N(\mu, \sigma^2)$ から抽出した大きさ n の無作為標本の標本平均の実現値を $\overline{x}$ とするとき，母平均 μ の $100(1-\alpha)\%$ 信頼区間は次の式で与えられる．

$$\overline{x} - z\left(\frac{\alpha}{2}\right)\frac{\sigma}{\sqrt{n}} \leqq \mu \leqq \overline{x} + z\left(\frac{\alpha}{2}\right)\frac{\sigma}{\sqrt{n}}$$

95% 信頼区間では $z(0.025) = 1.960$ を，99% 信頼区間では $z(0.005) = 2.576$ を用いる．

$$95\% \text{ 信頼区間}: \overline{x} - 1.960 \cdot \frac{\sigma}{\sqrt{n}} \leqq \mu \leqq \overline{x} + 1.960 \cdot \frac{\sigma}{\sqrt{n}}$$

$$99\% \text{ 信頼区間}: \overline{x} - 2.576 \cdot \frac{\sigma}{\sqrt{n}} \leqq \mu \leqq \overline{x} + 2.576 \cdot \frac{\sigma}{\sqrt{n}}$$

例題 6.1　**母平均の区間推定：母分散が既知の場合**

　ある県内の小学 6 年男子の平均身長 μ を調べるため，100 人を無作為に抽出したところ，標本平均は 144.8 cm であった．過去のデータから，小学 6 年男子の身長の分布は標準偏差 $\sigma = 7.14\,[\mathrm{cm}]$ の正規分布に従うと考えられるとき，この県の小学 6 年男子の平均身長 μ の 95% 信頼区間を求めよ．信頼限界は小数第 1 位まで求めよ．

解　100 人の身長のデータは，正規分布 $N(\mu, 7.14^2)$ から取り出された無作為標本と考えられる．定理 6.1 より，95% 信頼区間は，標本平均の実現値 $\overline{x}$ に対して，

$$\overline{x} - 1.960 \cdot \frac{7.14}{10} \leqq \mu \leqq \overline{x} + 1.960 \cdot \frac{7.14}{10}$$

である．標本平均の実現値 $\overline{x} = 144.8$ を代入して，信頼限界は，

$$144.8 - 1.960 \cdot 0.714 = 143.40056 \fallingdotseq 143.4$$

$$144.8 + 1.960 \cdot 0.714 = 146.19944 \fallingdotseq 146.2$$

となるので，求める 95% 信頼区間は $143.4 \leqq \mu \leqq 146.2$ である．

　定理 6.1 から，母分散 σ^2 の値が大きいと信頼区間の幅は広がり，標本の大きさ n を大きくすると信頼区間の幅は狭くなることがわかる．また，信頼度 $1 - \alpha$ を高

めると, α が小さくなり, $z\left(\dfrac{\alpha}{2}\right)$ は大きくなるので, 信頼区間の幅は広がることになる.

　信頼区間は, 母平均がその区間に属する確率を保証するために, その区間を広めにとる必要がある. したがって, 次の例のように, 信頼下界は切り捨てて小さめに, 信頼上界は切り上げて大きめにとるとよい.

例 6.3　　正規母集団 $N(\mu, 5^2)$ から 20 個の標本を無作為抽出して, 標本平均を調べたところ, $\overline{x} = 14.19$ であったとする. このとき, 母平均 μ の 95% 信頼区間は, 信頼限界をそれぞれ小数第 1 位まで求めると,

$$14.19 - 1.960 \cdot \frac{5}{\sqrt{20}} = 11.9986\cdots \fallingdotseq 11.9 \quad (\text{切り捨て})$$

$$14.19 + 1.960 \cdot \frac{5}{\sqrt{20}} = 16.3813\cdots \fallingdotseq 16.4 \quad (\text{切り上げ})$$

となる. したがって, 求める 95% 信頼区間は $11.9 \leqq \mu \leqq 16.4$ となる.

　また, 同様にして計算すると, 99% 信頼区間は $11.3 \leqq \mu \leqq 17.1$ となる.

標本の大きさ　　95% 信頼区間の場合, 信頼区間の幅は $2 \cdot 1.960 \cdot \dfrac{\sigma}{\sqrt{n}}$ であるので, 標本の大きさ n を大きくすることによって, この幅を狭くすることができる.

　例 6.3 において, 95% 信頼区間の幅はおよそ 4.5 である. この幅を 3 より小さくしたければ,

$$2 \cdot 1.960 \cdot \frac{5}{\sqrt{n}} < 3$$

を満たす n であればよい. これを解いて, $n > 42.68\cdots$ が得られる. したがって, 信頼区間の幅を 3 より小さくするためには, 43 個以上の標本を取り出せばよいことがわかる.

問6.2　ある県内の 15 歳男子の平均身長を調べるため, 400 人を無作為に標本抽出したところ, 標本平均は $\overline{x} = 168.2\,[\text{cm}]$ であった. 過去のデータから, 15 歳男子の身長の分布は標準偏差 $\sigma = 5.95\,[\text{cm}]$ の正規分布に従うと考えられるとき, 次の問いに答えよ.

(1)　この県の 15 歳男子の平均身長 μ の, 信頼度 95% の信頼区間を求めよ. 信頼限界は小数第 1 位まで求めよ.

(2)　平均身長の 95% 信頼区間の幅を 1 cm 以下にするためには, 何人を調べれば十分かを答えよ.

母分散が未知の場合　　母分散 σ^2 が未知の場合，定理 6.1 の信頼区間は σ を含んでいるので用いることができない．この場合には，母分散 σ^2 を不偏分散 U^2 で推定し，統計量としては，$Z = \dfrac{\overline{X} - \mu}{\sigma/\sqrt{n}}$ の代わりに σ を U で置き換えた $T = \dfrac{\overline{X} - \mu}{U/\sqrt{n}}$ を用いる．

　一般に，母分散が未知のとき，大きさ n の標本に対して，定理 5.9 より，

$$T = \frac{\overline{X} - \mu}{U/\sqrt{n}} \text{ は自由度 } n-1 \text{ の } t \text{ 分布に従う}$$

ことがいえる．

　したがって，$0 < \alpha < 1$ である α に対して，

$$P\left(-t_{n-1}(\alpha) \leqq \frac{\overline{X} - \mu}{U/\sqrt{n}} \leqq t_{n-1}(\alpha)\right) = 1 - \alpha$$

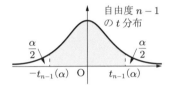

が成り立つ．

　ここで，標本平均と不偏分散の実現値をそれぞれ $\overline{x}, u^2$ として，左辺の括弧内の不等式を μ について解くことで，母分散が未知の場合の母平均 μ の信頼区間が得られる．

6.2　母平均の区間推定：母分散が未知の場合

　母分散 σ^2 が未知である正規母集団 $N(\mu, \sigma^2)$ から抽出した大きさ n の無作為標本の，標本平均と不偏分散の実現値をそれぞれ $\overline{x}, u^2$ とするとき，母平均 μ の $100(1-\alpha)\%$ 信頼区間は次の式で与えられる．

$$\overline{x} - t_{n-1}(\alpha)\frac{u}{\sqrt{n}} \leqq \mu \leqq \overline{x} + t_{n-1}(\alpha)\frac{u}{\sqrt{n}}$$

例題 6.2　母平均の区間推定：母分散が未知の場合 ―――――――

　ある健康食品から 10 個の標本を無作為抽出し，含まれるビタミン C の含有量を調べたところ，その平均は $\overline{x} = 30.3\,[\mathrm{mg}]$ で，不偏分散は $u^2 = 1.7^2$ であった．この健康食品のビタミン C の平均含有量 μ の 95% 信頼区間を求めよ．ただし，ビタミン C の含有量は，正規分布に従うとし，信頼限界は小数第 1 位まで求めよ．

解　母分散が未知の場合である．標本平均を $\overline{X}$，不偏分散を U^2 とすると，標本の大きさが 10 であるので，定理 5.9 より，

$$T = \frac{\overline{X} - \mu}{U/\sqrt{10}} \text{ は自由度 9 の } t \text{ 分布に従う.}$$

$t_9(0.05) = 2.262$ であることから,95% 信頼区間は,

$$\overline{x} - 2.262 \cdot \frac{u}{\sqrt{10}} \leq \mu \leq \overline{x} + 2.262 \cdot \frac{u}{\sqrt{10}}$$

となる.$\overline{X}, U$ のそれぞれの実現値 $\overline{x} = 30.3, u = 1.7$ を代入して,

$$30.3 - 2.262 \cdot \frac{1.7}{\sqrt{10}} = 29.083\cdots \fallingdotseq 29.0$$

$$30.3 + 2.262 \cdot \frac{1.7}{\sqrt{10}} = 31.516\cdots \fallingdotseq 31.6$$

となるので,求める平均含有量 μ の 95% 信頼区間は $29.0 \leq \mu \leq 31.6$ である.

例題 6.2 の母分散が未知の場合でも,標本の大きさが十分に大きいとき,たとえば $n = 100$ のときは,母分散 σ^2 を不偏分散 u^2 で置き換えて,定理 6.1 の公式を用いてもよい.

$$30.3 - 1.960 \cdot \frac{1.7}{10} = 29.9668 \fallingdotseq 29.9$$

$$30.3 + 1.960 \cdot \frac{1.7}{10} = 30.6332 \fallingdotseq 30.7$$

これより,平均含有量 μ の 95% 信頼区間は $29.9 \leq \mu \leq 30.7$ となる.

問6.3 あるメーカーのドライヤーが故障するまでの期間を,8 台のドライヤーを無作為に選び調べたところ,平均 7.8 年,標本分散 9.1 であった.このとき,このメーカーのドライヤーが故障するまでの期間の母平均 μ の信頼区間を,信頼度 95%,99% でそれぞれ求めよ.ただし,このドライヤーが故障するまでの期間は正規分布に従うものとし,信頼限界は小数第 1 位まで求めよ.

6.3 母比率の区間推定

ここでは,世論調査や視聴率調査の結果のように,ある母集団の中である特定の性質をもつ要素の比率の区間推定について考える.このような母集団は,各要素がその性質をもつかもたないかのいずれかであるから,二項母集団であり,母比率を推定することになる.

▶**母比率の区間推定**　　一般に，二項母集団から抽出した大きさ n の無作為標本に対し，ある性質を満たす標本の数を X とする．このとき，母比率を p とすれば，n が十分に大きいとき，標本比率 $\widehat{P} = \dfrac{X}{n}$ に対して，大標本の標本比率（定理 5.7）より，

$$Z = \frac{\widehat{P} - p}{\sqrt{p(1-p)/n}} \text{ は近似的に標準正規分布 } N(0,1) \text{ に従う}$$

ことがいえる．したがって，$0 < \alpha < 1$ である α に対して，

$$P\left(-z\left(\frac{\alpha}{2}\right) \leqq \frac{\widehat{P} - p}{\sqrt{p(1-p)/n}} \leqq z\left(\frac{\alpha}{2}\right)\right) = 1 - \alpha$$

が成り立つ．標本比率の実現値を $\hat{p}$ として，左辺の括弧内の不等式を変形することにより，

$$\hat{p} - z\left(\frac{\alpha}{2}\right)\sqrt{\frac{p(1-p)}{n}} \leqq p \leqq \hat{p} + z\left(\frac{\alpha}{2}\right)\sqrt{\frac{p(1-p)}{n}}$$

が成り立つ．n が十分大きいときは，根号内の母比率 p を標本比率 $\hat{p}$ で置き換えたものを信頼限界として用いてもよいことが知られている．よって，次が成り立つ．

6.3　母比率の区間推定

　二項母集団から抽出した大きさ n の無作為標本の標本比率の実現値を $\hat{p}$ とする．n が十分大きいとき，母比率 p の $100(1-\alpha)\%$ 信頼区間は次の式で与えられる．

$$\hat{p} - z\left(\frac{\alpha}{2}\right)\sqrt{\frac{\hat{p}(1-\hat{p})}{n}} \leqq p \leqq \hat{p} + z\left(\frac{\alpha}{2}\right)\sqrt{\frac{\hat{p}(1-\hat{p})}{n}}$$

例題 6.3　**母比率の区間推定** ────────────────

　有権者に対して，ある選挙における候補者 A の支持率の調査を行った．400 人を無作為に抽出し，118 人が候補者 A を支持すると回答したとき，次の問いに答えよ．

(1)　有権者全体における候補者 A の支持率 p を 95% の信頼度で推定せよ．信頼限界は小数第 2 位まで求めよ．

(2)　支持率の 95% 信頼区間の幅を 0.02 以下にするためには，何人以上の有権者に調査を行えばよいかを答えよ．

解　(1)　標本の大きさ $n = 400$ は十分に大きいので，標本比率 $\widehat{P}$ に対して，定理 5.7 より，

$$Z = \frac{\widehat{P} - p}{\sqrt{p(1-p)/400}} \text{ は近似的に } N(0,1) \text{ に従う}$$

ことがわかる．このとき，定理 6.3 より，標本比率の実現値 $\hat{p}$ に対して，95% 信頼区間は

$$\hat{p} - 1.960 \cdot \sqrt{\frac{\hat{p}(1-\hat{p})}{400}} \leqq p \leqq \hat{p} + 1.960 \cdot \sqrt{\frac{\hat{p}(1-\hat{p})}{400}}$$

である．$\hat{p} = \dfrac{118}{400} = 0.295$ を代入して，信頼限界は，

$$0.295 - 1.960 \cdot \sqrt{\frac{0.295 \cdot 0.705}{400}} = 0.2503 \cdots \fallingdotseq 0.25$$

$$0.295 + 1.960 \cdot \sqrt{\frac{0.295 \cdot 0.705}{400}} = 0.3396 \cdots \fallingdotseq 0.34$$

となる．したがって，支持率 p の 95% 信頼区間は $0.25 \leqq p \leqq 0.34$ である．

(2)　n 人に調査するとすれば，信頼区間の幅は $2 \cdot 1.960 \cdot \sqrt{\dfrac{\hat{p}(1-\hat{p})}{n}}$ である．このとき，

$$\hat{p}(1-\hat{p}) = \hat{p} - \hat{p}^2 = \frac{1}{4} - \left(\hat{p} - \frac{1}{2}\right)^2 \leqq \frac{1}{4}$$

となるので，信頼区間の幅は

$$2 \cdot 1.960 \cdot \sqrt{\frac{\hat{p}(1-\hat{p})}{n}} \leqq 2 \cdot 1.960 \cdot \sqrt{\frac{1}{4n}}$$

とできる．よって，

$$2 \cdot 1.960 \cdot \sqrt{\frac{1}{4n}} \leqq 0.02$$

を満たす n を求めればよい．この不等式を解いて，$n \geqq \left(\dfrac{1.960}{0.02}\right)^2 = 9604$ を得る．したがって，9604 人以上に調査を行えばよい．

例題 6.3(2) のように，何の情報もない場合は，$\hat{p}(1-\hat{p}) \leqq \dfrac{1}{4}$ であることを用いて標本の大きさを求めることになる．しかし，過去の調査などから母比率がある程度推定できる場合は，$\hat{p}$ にその推定値を代入して，標本の大きさを求めてもよい．たとえば，過去の調査から母比率がおよそ $p = 0.3$ と推定できるとき，$\hat{p} = 0.3$ を

代入して,

$$2 \cdot 1.960 \cdot \sqrt{\frac{0.3 \cdot 0.7}{n}} \leq 0.02$$

を満たす n を求めればよい. この不等式を解くことで, $n \geq 8068$ を得る. この場合は, 母比率の情報があることで, 標本の大きさを 1500 人以上少なくできる.

問6.4　A 市の住民 1500 人を調査した結果, 186 人が過去 5 年間に少なくとも 1 回は海外旅行に行ったことがわかった. このとき, 次の問いに答えよ.

(1)　A 市の住民のうち, 過去 5 年間に少なくとも 1 回海外旅行をした人の比率の信頼区間を求めよ. ただし, 信頼度は 95% とする. 信頼限界は小数第 3 位まで求めよ.

(2)　(1) と同じ比率について, 99% 信頼区間の幅を 0.03 以下にするには, 何人以上に調査すればよいかを答えよ. また, 母比率がおよそ $p = 0.12$ と推定されるときはどうか.

⟮6.4⟯ 母分散の区間推定

この節では, 標本の実現値から, 母分散 σ^2 の区間推定について考える.

一般に, 正規母集団 $N(\mu, \sigma^2)$ から抽出した大きさ n の無作為標本 $X_1, \ldots, X_n$ に対して, その不偏分散を U^2 とする. 定理 5.8 より,

$$\frac{(n-1)U^2}{\sigma^2} \text{ は自由度 } n-1 \text{ の } \chi^2 \text{ 分布に従う}$$

ことがいえる. したがって, $0 < \alpha < 1$ である α に対して,

$$P\left(\chi^2{}_{n-1}\left(1 - \frac{\alpha}{2}\right) \leq \frac{(n-1)U^2}{\sigma^2} \leq \chi^2{}_{n-1}\left(\frac{\alpha}{2}\right) \right) = 1 - \alpha$$

が成り立つ.

ここで, 標本の不偏分散の実現値を u^2 として, 左辺の括弧内の不等式を σ^2 について解くことで, 母分散の信頼区間が得られる.

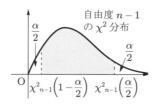

6.4 母分散の区間推定

正規母集団 $N(\mu, \sigma^2)$ から無作為に抽出した大きさ n の標本に対し，その不偏分散の実現値を u^2 とすると，母分散 σ^2 の $100(1-\alpha)\%$ 信頼区間は次の式で与えられる．

$$\frac{(n-1)u^2}{{\chi^2}_{n-1}\left(\dfrac{\alpha}{2}\right)} \leqq \sigma^2 \leqq \frac{(n-1)u^2}{{\chi^2}_{n-1}\left(1-\dfrac{\alpha}{2}\right)}$$

[note] 標本分散 S^2 と不偏分散 U^2 の間には $(n-1)U^2 = nS^2$ が成り立っているので，標本分散の実現値を s^2 とすれば，母分散 σ^2 の $100(1-\alpha)\%$ 信頼区間は次の式でも表される．

$$\frac{ns^2}{{\chi^2}_{n-1}\left(\dfrac{\alpha}{2}\right)} \leqq \sigma^2 \leqq \frac{ns^2}{{\chi^2}_{n-1}\left(1-\dfrac{\alpha}{2}\right)}$$

例題 6.4　**母分散の区間推定**

10 人の成人男性の血糖値を調べたところ，次のようなデータが得られた（単位 [mg/dL]）．

$$88 \quad 126 \quad 102 \quad 93 \quad 114 \quad 143 \quad 82 \quad 94 \quad 95 \quad 108$$

母分散 σ^2 の 95% 信頼区間を求めよ．ただし，血糖値の値は正規分布に従うものとし，信頼限界は小数第 3 位まで求めよ．

解　10 人の血糖値のデータを正規分布 $N(\mu, \sigma^2)$ から取り出された無作為標本と考える．10 人のデータに対して，不偏分散を U^2 とすると，定理 5.8 より，$\dfrac{9U^2}{\sigma^2}$ は自由度 9 の χ^2 分布に従う．${\chi^2}_9(1-0.025) = {\chi^2}_9(0.975) = 2.700$, ${\chi^2}_9(0.025) = 19.02$ であることから，母分散 σ^2 の 95% 信頼区間は，不偏分散の実現値を u^2 として，

$$\frac{9u^2}{19.02} \leqq \sigma^2 \leqq \frac{9u^2}{2.700}$$

となる．標本分散の実現値を s^2 とすれば，$\displaystyle\sum_{i=1}^{10} x_i = 1045$, $\displaystyle\sum_{i=1}^{10} {x_i}^2 = 112367$ より，

$$9u^2 = 10s^2 = 10 \cdot \left(\frac{1}{10} \cdot 112367 - 104.5^2\right) = 3164.5$$

となる．よって，信頼限界は，

$$\frac{9u^2}{\chi^2_9(0.025)} = \frac{3164.5}{19.02} = 166.37749\cdots \fallingdotseq 166.377$$

$$\frac{9u^2}{\chi^2_9(0.975)} = \frac{3164.5}{2.700} = 1172.03703\cdots \fallingdotseq 1172.038$$

となるので，求める 95% 信頼区間は $166.377 \leqq \sigma^2 \leqq 1172.038$ である．

問6.5　ある工場で大量に生産されているねじを無作為に 10 個選び，直径を調べたところ，この標本に対する不偏分散は 0.01 であった．このとき，母分散 σ^2 の信頼度 90% の信頼区間を求めよ．ただし，ねじの直径は正規分布に従うものとし，信頼限界は小数第 4 位まで求めよ．

☑ 統計的推定

(1)　点推定

母平均の点推定は，標本平均の実現値 $\overline{x}$ を用いる．

母分散の点推定は，不偏分散の実現値 u^2 を用いる．

(2)　区間推定

信頼度 $100(1-\alpha)\%$ の信頼区間は，次の式で与えられる．

母平均	母分散が既知	$\overline{x} - z\left(\dfrac{\alpha}{2}\right)\dfrac{\sigma}{\sqrt{n}} \leqq \mu \leqq \overline{x} + z\left(\dfrac{\alpha}{2}\right)\dfrac{\sigma}{\sqrt{n}}$
	母分散が未知	$\overline{x} - t_{n-1}(\alpha)\dfrac{u}{\sqrt{n}} \leqq \mu \leqq \overline{x} + t_{n-1}(\alpha)\dfrac{u}{\sqrt{n}}$
母比率		$\hat{p} - z\left(\dfrac{\alpha}{2}\right)\sqrt{\dfrac{\hat{p}(1-\hat{p})}{n}} \leqq p \leqq \hat{p} + z\left(\dfrac{\alpha}{2}\right)\sqrt{\dfrac{\hat{p}(1-\hat{p})}{n}}$
母分散		$\dfrac{(n-1)u^2}{\chi^2_{n-1}\left(\dfrac{\alpha}{2}\right)} \leqq \sigma^2 \leqq \dfrac{(n-1)u^2}{\chi^2_{n-1}\left(1-\dfrac{\alpha}{2}\right)}$ または $\dfrac{ns^2}{\chi^2_{n-1}\left(\dfrac{\alpha}{2}\right)} \leqq \sigma^2 \leqq \dfrac{ns^2}{\chi^2_{n-1}\left(1-\dfrac{\alpha}{2}\right)}$

練習問題 6

[1] 正規母集団から無作為に大きさ 15 の標本 $x_1, x_2, \ldots, x_{15}$ を抽出し，次のデータを得た.

$$\sum_{i=1}^{15} x_i = 90, \quad \sum_{i=1}^{15} x_i^2 = 1758$$

母平均を μ，母分散を σ^2 とするとき，次の問いに答えよ.
(1) μ と σ^2 の不偏推定量を求めよ.
(2) μ と σ^2 の 95% 信頼区間を求めよ. 信頼限界はそれぞれ小数第 1 位まで求めよ.

[2] ある県内の 15 歳男子の平均体重を調べるため，100 人を無作為に標本抽出したところ，標本平均は 60.3 kg であった. 過去のデータから，15 歳男子の体重の分布は標準偏差 $\sigma = 9.86$ [kg] の正規分布に従うと考えられるとき，その県内の 15 歳男子の平均体重 μ の信頼度 95%，99% の信頼区間をそれぞれ求めよ. 信頼限界は小数第 1 位まで求めよ.

[3] ヒメボタルの体長を調べるために，6 匹を捕獲し体長を調べたところ，次のデータを得た（単位 [mm]）.

$$6.6 \quad 6.8 \quad 7.0 \quad 7.0 \quad 7.1 \quad 7.2$$

ヒメボタルの体長の分布が正規分布に従うと考えられるとき，ヒメボタルの体長の母平均 μ を信頼度 95%，99% でそれぞれ推定せよ. 信頼限界は小数第 1 位まで求めよ.

[4] 全国統一模擬試験を行い，受験者の中から無作為に選んだ 10 名の得点として次のデータを得た. 試験の得点の分布は正規分布に従うと考え，次の問いに答えよ. 信頼限界は小数第 1 位まで求めよ.

$$55 \quad 58 \quad 62 \quad 63 \quad 69 \quad 70 \quad 71 \quad 75 \quad 79 \quad 88$$

(1) 模擬試験の得点の母平均 μ を信頼度 95% で推定せよ.
(2) 模擬試験の得点の母分散 σ^2 を信頼度 90% で推定せよ.
(3) 過去の試験結果により，この試験の得点が分散 104 の正規分布に従うと考えられるとき，得点の母平均 μ を信頼度 95% で推定せよ.

[5] 統一地方選挙前に，ある選挙区で無作為に抽出された有権者 300 人に聞いたところ，114 人が政党 A を支持した. このとき次の問いに答えよ.
(1) この地方の政党 A の支持率 p を信頼度 95% で推定せよ. 信頼限界は小数第 3 位まで求めよ.
(2) 支持率 p の推定を行うとき，信頼度 95% で信頼区間の幅を 0.03 以下となるようにしたい. このとき，何百人以上の有権者に調査を行う必要があるかを答えよ.

7 統計的検定

7.1 仮説の検定

この節では，標本調査から得られた情報をもとに，母平均や母比率，母分散など
の母数が，ある値と異なる（または，ある値より小さい，大きい）といえるかどう
かを統計的に判断することを考える．このような方法を**統計的検定**という．

仮説の検定　母数についての主張を**仮説**といい，仮説の真偽を統計的に判断
する方法を**仮説の検定**という．その具体的な方法を次の例で示す．

例 7.1　　ある硬貨を 400 回投げたところ，表の出た回数が 180 回であった．こ
のデータから，この硬貨の表の出る確率は $\frac{1}{2}$ でないといってよいだろうか．

この硬貨の表の出る確率を p とする．今回の試行では，$p = \frac{1}{2}$ でないと考え
たので，

$$\mathrm{H}_0 : p = \frac{1}{2}, \quad \mathrm{H}_1 : p \neq \frac{1}{2}$$

という 2 つの仮説を立てる．

この硬貨を 400 回投げたときの，表の出る回数を X とおく．ここで，H_0 が正
しいと仮定すると，確率変数 X は二項分布 $B\left(400, \frac{1}{2}\right)$ に従うから，定理 2.6
より，$E[X], V[X]$ は

$$E[X] = 400 \cdot \frac{1}{2} = 200, \quad V[X] = 400 \cdot \frac{1}{2} \cdot \frac{1}{2} = 10^2$$

となる．$n = 400$ は十分大きいので，二項分布 $B\left(400, \frac{1}{2}\right)$ は正規分布
$N(200, 10^2)$ で近似することができ，X を標準化した統計量 $Z = \dfrac{X - 200}{10}$
は近似的に標準正規分布 $N(0,1)$ に従うと考えてよい ［→定理 5.7］．

もし H_0 が正しければ，X の値は 200 に近くなり，H_0 が正しくなければ，X
の値は 200 から大きくずれると考えられる．すなわち，H_0 が正しくないときの
Z の値は，確率分布として「起こりにくい」値となるはずである．いま，この
「起こりにくい」基準として確率 5% をとることにする．

Z は近似的に $N(0,1)$ に従うと考えていることから，

$$P(|Z| \geqq 1.960) = 0.05$$

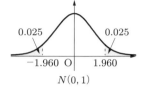

$N(0,1)$

である. すなわち, Z の値が $Z \leqq -1.960$ または $1.960 \leqq Z$ となる確率は高々 5% でしかない. 今回の試行では $X = 180$ であるので, Z の実現値を計算すれば,

$$z = \frac{180 - 200}{10} = -2.0$$

となり, z の値が 5% の範囲に含まれる.

　つまり, H_0 を仮定すると, 起こりにくいことが起こってしまったことになる. このような場合, H_0 は正しくないと判断する. すなわち, この硬貨の表裏の出方は正常でないと判断するのが合理的である.

　このように, 仮説の検定では, 母数 θ が「ある値 θ_0 と異なる $(\theta \neq \theta_0)$」,「θ_0 より大きい $(\theta > \theta_0)$」,「θ_0 より小さい $(\theta < \theta_0)$」のいずれかを主張したいとき, これらに対して差がないという仮説「$H_0 : \theta = \theta_0$」を立てて, これが統計的に正しいか, 正しくないかを判断する. H_0 は否定したい仮説であり, これを**帰無仮説**という. これに対し, 主張したい仮説を H_1 とし, これを**対立仮説**という.

　仮説の真偽は, 分布のわかっている統計量を定め, その実現値によって判断する. この統計量を**検定統計量**という. 検定統計量は大文字 X, Z, T などで表し, 実現値は小文字 x, z, t などで表す. 帰無仮説が正しくないと判断されるときは帰無仮説を**棄却する**といい, そうでないときは帰無仮説を**棄却しない**という. 帰無仮説を棄却するかしないかは, あらかじめ「起こりにくい」基準を定めておき, 検定統計量の値がその基準にあてはまるかどうかにより判断する.「起こりにくい」基準 $100\alpha\% \ (0 < \alpha < 1)$ を**有意水準**といい, 検定統計量の実現値のとりうる確率が高々 $100\alpha\%$ となる範囲を**棄却域**という. 検定統計量の実現値がこの棄却域に含まれれば帰無仮説を棄却し, 含まれなければ帰無仮説を棄却しない.

　例 7.1 の有意水準は 5% $(\alpha = 0.05)$ であり, $P(|Z| \geqq 1.960) = 0.05$ が成り立っている. したがって, 棄却域は $z \leqq -1.960, 1.960 \leqq z$ である. Z の実現値が棄却域に含まれることから帰無仮説は棄却され, 結論は,「有意水準 5% では, この硬貨の表の出る確率は $\frac{1}{2}$ でないといえる」となる.

　有意水準には, 例 7.1 のように, 5% $(\alpha = 0.05)$ や, 1% $(\alpha = 0.01)$ などの値がよく用いられる. 有意水準は, H_0 が正しいにもかかわらず, H_0 が棄却される確率

ともいえる．この意味において，有意水準は**危険率**ともよばれる．

　仮説の検定は，統計的データを用いて，帰無仮説 H_0 の疑わしさを示すことで，対立仮説 H_1 を支持するという方法をとる．したがって結論は，本来主張したい対立仮説 H_1 を肯定または否定した表現とする．例 7.1 で帰無仮説が棄却されないときの結論は，「有意水準 5% では，この硬貨の表の出る確率は $\dfrac{1}{2}$ である」ではなく，「有意水準 5% では，この硬貨の表の出る確率は $\dfrac{1}{2}$ でないとはいえない」となる．

⎛7.2⎞ 母平均の検定

　母平均 μ が未知である正規母集団に対して，無作為標本によって得られた標本平均の実現値 $\bar{x}$ から母平均 μ を検定する方法を考える．統計的推定と同じように，母分散が既知の場合と未知の場合とで，用いる検定統計量が異なることに注意する．

▰母分散が既知の場合　　母分散が既知の場合の，母平均の検定について考える．まず，μ_0 を定数とするとき，帰無仮説 H_0 を次のようにおく．

$$H_0 : \mu = \mu_0$$

　母分散 σ^2 が既知である正規母集団 $N(\mu, \sigma^2)$ から大きさ n の無作為標本を抽出すると，その標本平均 $\overline{X}$ は正規分布 $N\left(\mu, \dfrac{\sigma^2}{n}\right)$ に従う．このとき H_0 が正しい，すなわち $\mu = \mu_0$ であると仮定すると，$\overline{X}$ の標準化 $Z = \dfrac{\overline{X} - \mu_0}{\sigma/\sqrt{n}}$ は，標準正規分布 $N(0,1)$ に従うので，この Z を検定統計量として検定を行う．標準正規分布を用いた仮説の検定を **Z 検定**という．

　標本調査において，母平均 μ が μ_0 に等しいか，等しくないかに着目するときは，対立仮説 H_1 を

$$H_1 : \mu \neq \mu_0$$

として考える．このとき棄却域は，有意水準 $100\alpha\,\%$ $(0 < \alpha < 1)$ に対応させて

$$z \leqq -z\left(\frac{\alpha}{2}\right), \quad z\left(\frac{\alpha}{2}\right) \leqq z$$

である．

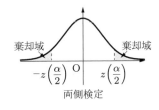

棄却域　　　　　　　棄却域

$-z\left(\dfrac{\alpha}{2}\right)$ O $z\left(\dfrac{\alpha}{2}\right)$

両側検定

　一般に，母集団の未知の母数 θ についての帰無仮説 $\mathrm{H}_0 : \theta = \theta_0$ を検定するとき，対立仮説が $\mathrm{H}_1 : \theta \neq \theta_0$ である場合，θ は θ_0 より大きくなることも，小さくなることも考えられるので，有意水準 $100\alpha\,\%$ $(0 < \alpha < 1)$ に対応して棄却域は分布の両側に設ける．このような検定を**両側検定**という．

例題 7.1　**母平均の検定：母分散が既知の場合**

　ある自動車会社のハイブリッドカーの燃費は，公称では $35\,\mathrm{km/L}$ であるという．この車を無作為に 10 台選び走行実験をしたところ，10 台の燃費の平均は $34.16\,\mathrm{km/L}$ であった．これまでの実験データから，燃費データが分散 1.5^2 の正規分布に従うことがわかっているとき，このハイブリッドカーの燃費の平均は $35\,\mathrm{km/L}$ でないといってよいか．有意水準 5% で検定せよ．

解　このハイブリッドカーの燃費の平均を μ とする．帰無仮説 H_0 と対立仮説 H_1 を

$$\mathrm{H}_0 : \mu = 35, \quad \mathrm{H}_1 : \mu \neq 35$$

とおき，両側検定を行う．無作為抽出した 10 台の燃費の平均を $\overline{X}$ とする．H_0 が正しいとすると，$Z = \dfrac{\overline{X} - 35}{1.5/\sqrt{10}}$ は標準正規分布に従う．このとき，対立仮説と有意水準から，棄却域は $z \leq -1.960, 1.960 \leq z$ である．$\overline{x} = 34.16$ より，Z の実現値 z は，

$$z = \frac{34.16 - 35}{1.5/\sqrt{10}} = -1.770\cdots$$

となる．この値は棄却域に含まれないので，H_0 は棄却されない．したがって，有意水準 5% では，この車の燃費は $35\,\mathrm{km/L}$ でないとはいえない．

問7.1　ある会社の工場では，自社製の機械を用いて直径 $10\,\mathrm{cm}$ の円盤を製造している．この円盤を無作為に 9 個抽出し直径を測定したところ，その平均は $10.06\,\mathrm{cm}$ であった．このとき，この機械は正常に動いていないといえるか．有意水準 5% で検定せよ．ただし，この円盤の直径 X は分散 0.01 の正規分布に従っているとしてよい．

▶ **片側検定**　仮説の検定では，次の 2 種類の誤りが起こりうる．

第 1 種の誤り：帰無仮説 H_0 が正しいにもかかわらず，棄却する誤り

第 2 種の誤り：帰無仮説 H_0 が間違っているにもかかわらず，棄却しない誤り

　検定ではこれらの誤りの起こる確率を低くする必要がある．しかし，これらは一方の確率を低くすると，もう一方の確率が高くなる．有意水準を $100\alpha\%$ とすれば，第1種の誤りについては，これが起こる確率は $100\alpha\%$ である．また，第2種の誤りについては，それが起こる確率が低くなるように棄却域を設定する必要がある．そこで，次のように設定する．

(1)　対立仮説が $H_1 : \theta \neq \theta_0$ のときは，標本調査による実現値が，θ_0 より大きくなることも，小さくなることも考えられる．したがって，どちらの場合にも棄却できるように，棄却域を両側にとる．

(2)　対立仮説が $H_1 : \theta > \theta_0$ のときは，標本調査の実現値が θ_0 より大きいときに積極的に棄却したいので，棄却域を右側のみにとる．

(3)　対立仮説が $H_1 : \theta < \theta_0$ のときは，標本調査の実現値が θ_0 より小さいときに積極的に棄却したいので，棄却域を左側のみにとる．

　(2)，(3) のように，棄却域を片側のみにとる検定を**片側検定**という．

　母平均の Z 検定の場合，片側検定の棄却域は，有意水準 $100\alpha\%(0 < \alpha < 1)$ に対応して次のように設ける．

$$H_1 : \mu > \mu_0 \text{ のとき，} \quad z(\alpha) \leq z \quad \text{（これを右側検定という）}$$

$$H_1 : \mu < \mu_0 \text{ のとき，} \quad z \leq -z(\alpha) \quad \text{（これを左側検定という）}$$

右側検定

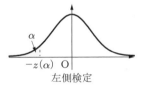
左側検定

例題 7.2　**片側検定**

　例題 7.1 のハイブリッドカーに対し，燃費向上を目指して新型車が開発された．この新型車に対して，無作為に 10 台選び走行実験をしたところ，10 台の燃費の平均は $35.84\,\mathrm{km/L}$ であった．燃費データが分散 1.5^2 の正規分布に従うとき，この新型車の燃費は従来の車より燃費がよくなったといってよいか．有意水準 5% で検定せよ．

解　帰無仮説は，燃費が向上していない，すなわち変化していないということなので，

$$H_0 : \mu = 35$$

とする．この新型車の場合，燃費向上が期待されるので，標本平均の実現値が 35 km/L より大きいときに帰無仮説 H_0 を棄却する確率を大きくするため，対立仮説 H_1 は

$$H_1 : \mu > 35$$

とおく．

新型車 10 台の燃費の平均を $\overline{X}$ とする．H_0 が正しいとすると，$Z = \dfrac{\overline{X} - 35}{1.5/\sqrt{10}}$ は標準正規分布に従う．このとき，対立仮説から右側検定を行う．棄却域は，$z(0.05) = 1.645$ より，$1.645 \leqq z$ である．

標本平均の実現値は $\overline{x} = 35.84$ であるので，Z の実現値 z は，

$$z = \frac{35.84 - 35}{1.5/\sqrt{10}} = 1.770\cdots$$

となる．この値は棄却域に含まれるので，H_0 は棄却される．したがって，有意水準 5% では，この新型車の燃費はよくなったといえる．

例題 7.1 において，燃費が 35 km/L と異なる場合でも，35 km/L より大きい場合は消費者にとっては問題ではなく，35 km/L より小さい場合に問題となる．したがって，「燃費が 35 km/L に満たないといってよいか」を検定することにすれば，左側検定になるので，棄却域は $z \leqq -1.645$ となり，帰無仮説 H_0 は棄却され，「有意水準 5% では，この車の燃費は 35 km/L に満たないといえる」という結論が得られる．

また，例題 7.2 を有意水準 1% で右側検定すれば，$z(0.01) = 2.326$ より，棄却域は $2.326 \leqq z$ である．このとき，帰無仮説 H_0 は棄却されないので，燃費はよくなったとはいえない，という結論が得られる．このように，仮説の検定では，棄却域の設定や有意水準によっては，結論が異なることが起こりうる．

したがって，仮説の検定においては，標本調査のあと，恣意的に有意水準や棄却域を自分の都合のよいように設定することは避けるべきである．

問7.2　問 7.1 の会社の工場で製造している円盤に対して，直径が小さくなったというクレームがあったので，この円盤を無作為に 10 個抽出し直径を測定したところ，その平均は 9.95 cm であった．この円盤の直径が分散 0.01 の正規分布に従っていることがわかっているとき，円盤の直径は小さくなったといえるだろうか．有意水準 5% で検定せよ．

▶ **母分散が未知の場合**　母分散 σ^2 が未知の場合，$Z = \dfrac{\overline{X} - \mu}{\sigma/\sqrt{n}}$ は σ を含ん

でいるので，検定統計量として Z を用いることはできない．そこで，区間推定と
同様に，母分散 σ^2 を不偏分散 U^2 で推定し，Z に対して，σ を U で置き換えた
$T = \dfrac{\overline{X} - \mu}{U/\sqrt{n}}$ を考える．このとき，T は定理 5.9 より，自由度 $n-1$ の t 分布に
従う．

このことから，帰無仮説 $H_0 : \mu = \mu_0$ が正しいとして，$T = \dfrac{\overline{X} - \mu_0}{U/\sqrt{n}}$ を検定統

計量として検定を行う．

有意水準が $100\alpha\%$ $(0 < \alpha < 1)$ のとき，対立仮定に応じて，棄却域は次のよう
に設定する．

$H_1 : \mu \neq \mu_0$ のとき（両側検定），

$\qquad t \leqq -t_{n-1}(\alpha),\ t_{n-1}(\alpha) \leqq t$

$H_1 : \mu > \mu_0$ のとき（右側検定），$t_{n-1}(2\alpha) \leqq t$

$H_1 : \mu < \mu_0$ のとき（左側検定），$t \leqq -t_{n-1}(2\alpha)$

t 分布を用いた仮説の検定を **t 検定**という．

自由度 $n-1$
の t 分布

両側検定

例題 7.3　**母平均の検定：母分散が未知の場合**

A 市の 18 歳男子は背が高いという噂が立った．そこで，全国の 18 歳の男子の平
均身長と比べるために，A 市の 18 歳男子 12 人を無作為に選び身長を調べたとこ
ろ，次のデータを得た（単位 [cm]）．

$$165.6 \quad 171.3 \quad 183.2 \quad 178.5 \quad 174.6 \quad 168.7$$

$$176.1 \quad 187.2 \quad 176.9 \quad 170.1 \quad 167.4 \quad 179.3$$

全国の 18 歳男子の平均身長は 171.2 cm であるという．A 市の 18 歳男子は，全国
平均と比べて背が高いといえるか．A 市の 18 歳男子の身長 X の分布は正規分布に
従うとし，有意水準を 5% として検定せよ．

解　A 市の 18 歳男子の平均身長を μ とおき，帰無仮説 H_0 と対立仮説 H_1 を次のように
おく．

$$H_0 : \mu = 171.2, \quad H_1 : \mu > 171.2$$

母分散が未知であるので，12 人の平均身長を $\overline{X}$ とし，検定統計量を $T = \dfrac{\overline{X} - 171.2}{U/\sqrt{12}}$ と

する．H_0 が正しいとすると，T は自由度 11 の t 分布に従う．対立仮説より右側検定を行

う．有意水準を 5% としたときの棄却域は，$t_{11}(0.10) = 1.796$ より，$1.796 \leqq t$ である．

また，データより，$\overline{X}$ と U^2 の実現値は，それぞれ $\overline{x} \fallingdotseq 174.9$，$u^2 \fallingdotseq 43.2$ となる．このと

き，T の実現値 t は，

$$t = \frac{174.9 - 171.2}{\sqrt{43.2}/\sqrt{12}} = 1.950 \cdots$$

となる．この値は棄却域に含まれるので，H_0 は棄却される．したがって，有意水準 5% で

は A 市の 18 歳男子の平均身長は，全国平均よりも高いといえる．

問7.3　ある飲料メーカーから発売されているカフェインレスコーヒーには，カフェイン
含有率 3% と表示されている．無作為に 10 個の商品を抜き出して，カフェインの含有
率を調査したところ，次のようになった（単位 [%]）．

3.2　2.9　3.5　2.4　1.9　4.1　3.3　2.8　2.4　3.4

このとき，カフェイン含有率の表示は正しくないといえるか．この商品のカフェイン含
有率 X は正規分布 $N(\mu, \sigma^2)$ に従うとして，有意水準 5% で検定せよ．

(7.3) 母比率の検定

ある事象 A についての，母比率 p が未知である二項母集団に対して，大きさ n
の無作為標本から得られた標本比率の実現値を用いて，母比率 p を検定する方法を
考える．

定数 p_0 について，帰無仮説 H_0 を

$$H_0 : p = p_0$$

とする．標本の大きさ n が十分に大きいとき，大標本の標本比率（定理 5.7）より，

$Z = \dfrac{\widehat{P} - p}{\sqrt{p(1-p)/n}}$ は，近似的に標準正規分布 $N(0, 1)$ に従う．いま，帰無仮説

H_0 が正しいとすると，$Z = \dfrac{\widehat{P} - p_0}{\sqrt{p_0(1-p_0)/n}}$ は，近似的に標準正規分布 $N(0, 1)$

に従う．したがって，この Z を検定統計量として，母分散が既知の場合の母平均
の検定と同様に，Z 検定を行うことができる．

例題 7.4　母比率の検定

　普段，部屋の稼働率が平均 77% であるホテルが，宿泊客を増やすためにキャンペーンを行った．すると，キャンペーン期間中のある 1 日は，500 室ある部屋のうち 401 室の部屋が稼働したという．この日の宿泊客は普段よりも多かったといえるか．有意水準 5% で検定せよ．

解　このホテルの部屋の稼働率を p とおき，帰無仮説 H_0 と対立仮説 H_1 を次のようにおく．

$$H_0 : p = 0.77, \quad H_1 : p > 0.77$$

標本比率を $\widehat{P}$ とする．H_0 が正しいとすると，500 は十分に大きいので，$Z = \dfrac{\widehat{P} - 0.77}{\sqrt{0.77 \cdot 0.23/500}}$ は近似的に標準正規分布に従う．対立仮説より，Z を検定統計量として右側検定を行う．有意水準 5% では，棄却域は $1.645 \leqq z$ である．標本比率の実現値は $\hat{p} = \dfrac{401}{500} = 0.802$ であるから，

$$z = \frac{0.802 - 0.77}{\sqrt{0.77 \cdot 0.23/500}} = 1.7003 \cdots$$

となる．この値は棄却域に含まれるので，H_0 は棄却される．したがって，有意水準 5% では，この日の宿泊客は普段よりも多かったといえる．

問 7.4　例題 7.4 を有意水準 1% で検定せよ．

7.4　母分散の検定

　母分散 σ^2 が未知である正規母集団に対して，大きさ n の無作為標本から得られる標本分散の実現値から，母分散を検定する方法を考える．

　母分散 σ^2 と定数 σ_0 について，帰無仮説 H_0 を次のようにおく．

$$H_0 : \sigma^2 = \sigma_0^2$$

　帰無仮説 H_0 が正しいとすると，標本分散 S^2 に対して，定理 5.8 より，統計量 $\chi^2 = \dfrac{nS^2}{\sigma_0^2}$ は，自由度 $n - 1$ の χ^2 分布に従う．この χ^2 を検定統計量として検定を行う．

有意水準 $100\alpha\,\%$ $(0 < \alpha < 1)$ に対して，χ^2 分布の上側 α 点の定義から，$P(\chi^2 \geqq \chi^2{}_{n-1}(\alpha)) = \alpha$ が成り立つ．よって，対立仮説に応じて，棄却域は次のように設定する．

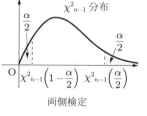

$\mathrm{H}_1 : \sigma^2 \neq \sigma_0^2$ のとき（両側検定），

$\chi^2 \leqq \chi^2{}_{n-1}(1 - \alpha/2), \quad \chi^2{}_{n-1}(\alpha/2) \leqq \chi^2$

$\mathrm{H}_1 : \sigma^2 > \sigma_0^2$ のとき（右側検定），$\chi^2{}_{n-1}(\alpha) \leqq \chi^2$

$\mathrm{H}_1 : \sigma^2 < \sigma_0^2$ のとき（左側検定），$\chi^2 \leqq \chi^2{}_{n-1}(1 - \alpha)$

このように χ^2 分布を用いた仮説の検定を **χ^2 検定**という．

例題 7.5　母分散の検定

　ある機械部品の製造会社の製品の特性値は正規分布に従い，その分散は 0.065 であることが知られている．この会社が生産ラインを新しくし製造工程を改めたので，無作為に 10 個の製品を抽出し，その特性値を調べたところ，次のようになった．

$$6.28 \quad 6.52 \quad 6.32 \quad 6.34 \quad 6.68 \quad 6.73 \quad 6.44 \quad 6.49 \quad 6.52 \quad 6.55$$

生産ラインを新しくしたことにより，分散が小さくなったといえるか．有意水準 5% で検定せよ．

解　帰無仮説 H_0 と対立仮説 H_1 を，次のようにおく．

$$\mathrm{H}_0 : \sigma^2 = 0.065, \quad \mathrm{H}_1 : \sigma^2 < 0.065$$

標本分散 S^2 に対して，H_0 が正しいとすると，$\chi^2 = \dfrac{10S^2}{0.065}$ は自由度 9 の χ^2 分布に従う．対立仮説より左側検定を行う．有意水準 5% では，棄却域は $\chi^2{}_9(0.95) = 3.325$ より $\chi^2 \leqq 3.325$ である．

　データより，標本平均 $\overline{x} = 6.487$，標本分散 $s^2 \fallingdotseq 0.0197$ を得る．このとき，χ^2 の実現値は，

$$\chi^2 = \frac{10 \cdot 0.0197}{0.065} = 3.030 \cdots$$

となる．この値は棄却域に含まれるので，H_0 は棄却される．したがって，有意水準 5% では分散が小さくなったといえる．

問7.5　これまで耐久度の標準偏差が 4.0 kg の鉄の棒を製造していた工場で，より耐久度のばらつきを小さくしようと新しい鉄の棒を開発した．この新製品から無作為抽出された 15 本の鉄の棒について，その耐久度の標準偏差が 3.0 kg であった．この新製品の耐久度のばらつきは小さくなったといえるか．耐久度は正規分布に従うとし，有意水準 1% で検定せよ．

☑ 仮説の検定の手順

仮説の検定は次の手順によって行う．

[1]　検定すべき母数 θ に対し，帰無仮説 H_0 と対立仮説 H_1 を立てる．

[2]　帰無仮説 H_0 が正しいと仮定して，母数と検定の条件によって検定統計量を定める．

[3]　対立仮説 H_1 および有意水準から棄却域を設定する．

[4]　無作為標本の実現値から，検定統計量の実現値を求める．

[5]　[4] で求めた検定統計量の実現値が，[3] の棄却域に含まれれば，H_0 を棄却し，棄却域に含まれなければ，H_0 は棄却しない．

検定統計量と有意水準 100α % $(0 < \alpha < 1)$ の棄却域

	検定統計量	棄却域
母平均	母分散が既知 $$Z = \frac{\overline{X} - \mu_0}{\sigma/\sqrt{n}}$$	両側検定　$z \leq -z\left(\dfrac{\alpha}{2}\right),\ z\left(\dfrac{\alpha}{2}\right) \leq z$ 右側検定　$z(\alpha) \leq z$ 左側検定　$z \leq -z(\alpha)$
	母分散が未知 $$T = \frac{\overline{X} - \mu_0}{U/\sqrt{n}}$$	両側検定　$t \leq -t_{n-1}(\alpha),\ t_{n-1}(\alpha) \leq t$ 右側検定　$t_{n-1}(2\alpha) \leq t$ 左側検定　$t \leq -t_{n-1}(2\alpha)$
母比率	$$Z = \frac{\hat{P} - p_0}{\sqrt{p_0(1-p_0)/n}}$$	母分散が既知の場合の，母平均の検定と同じ
母分散	$$\chi^2 = \frac{nS^2}{\sigma_0^2}$$	両側検定　$\chi^2 \leq \chi^2_{n-1}\left(1 - \dfrac{\alpha}{2}\right)$ $\chi^2_{n-1}\left(\dfrac{\alpha}{2}\right) \leq \chi^2$ 右側検定　$\chi^2_{n-1}(\alpha) \leq \chi^2$ 左側検定　$\chi^2 \leq \chi^2_{n-1}(1-\alpha)$

練習問題 7

[1] 表が出る確率が p であるコインがある．ただし，$0 < p < 1$ である．このコインについて，帰無仮説 $H_0 : p = \dfrac{1}{2}$ を次のように検定する．コインを 3 回投げ，3 回続けて表が出る，または 3 回続けて裏が出るときは H_0 を棄却し，その他の場合は H_0 を棄却しない．このとき，次の問いに答えよ．

    (1)　この場合の第 1 種の誤りを述べよ．また，この第 1 種の誤りを犯す確率を求めよ．

    (2)　この場合の第 2 種の誤りを述べよ．また，この第 2 種の誤りを犯す確率を求めよ．

    (3)　第 2 種の誤りを犯す確率が $\dfrac{1}{3}$ 未満になるような p の範囲を答えよ．

[2] ある工場で製作しているボルトの直径は，平均 μ が 10.0 mm であるように調整しているという．正しく調整されているかどうかを調べるために，無作為に抽出した 30 個のボルトの直径を測定したところ，平均は 9.8 mm であった．ボルトの直径 X の分布は経験により母分散 0.4 の正規分布に従うと考えられるとき，ボルトの直径の平均は 10.0 mm でないといえるか．有意水準 5% で検定せよ．

[3] ある工場で生産されている 500 mL のペットボトル飲料について，次のような標本調査の結果を得た．この飲料の内容量は 500 mL に足りていると判断してよいか．いずれも有意水準 5% で検定せよ．

    (1)　無作為に抽出した 50 本の内容量 X を調べたとき，平均 499.0 mL であった．ただし，ペットボトル飲料の内容量は母分散 15 の正規分布に従うと考えてよい．

    (2)　無作為に抽出した 25 本の内容量を調べたとき，平均 498.8 mL，不偏分散 3.5^2 であった．ペットボトル飲料の内容量 X は正規分布に従うと考えてよい．

[4] 平均視聴率 10% のテレビ番組について，出演者を一新し，リニューアルした．その初回の視聴率を調べたところ，無作為に抽出した 500 世帯に対して 62 世帯がこのテレビ番組を見ていた．この番組はリニューアルして視聴率が上昇したといえるか．有意水準 5% で検定せよ．

[5] ある工場で生産されたねじの直径は分散が 0.2 である．製品の質を向上させるために製造工程を変えたので，ねじの直径の分散が小さくなったかどうかを調べたい．そこで，無作為に抽出したねじ 25 個を調べたところ，分散は 0.1 であった．このとき，ねじの直径の分散は小さくなったといえるか．ねじの直径は正規分布に従うとし，有意水準 5% で検定せよ．

第 3 章の章末問題

1. ある学年 200 名の定期試験の成績で，数学の成績は $N(60, 15^2)$ に従い，物理の成績は $N(50, 25^2)$ に従い，これらは互いに独立であるとする．この学年の学生を任意に選び，数学と物理の成績の平均を $\overline{X}$ とするとき，次の問いに答えよ．
   (1) $\overline{X}$ はどのような分布に従うか．
   (2) $\overline{X} < 35$ である学生はおよそ何名いると考えられるか．

2. ある会社で製造している抵抗器の抵抗値は平均 $100.2\,\Omega$，標準偏差 $1.2\,\Omega$ である．この会社で製造された抵抗器を無作為に 100 個抽出したとき，その抵抗値の平均が $100.0\,\Omega$ 以上 $100.5\,\Omega$ 以下である確率を求めよ．

3. ある正規母集団から無作為に 10 個の標本を抽出し，標本分散 S^2 を計算することを繰り返し行ったところ，$S^2 > 30$ となる確率は 0.05 であった．このとき，母分散はいくらか．値は小数第 2 位を四捨五入せよ．

4. ある都市の中学 1 年生女子 16 人を無作為に選び，身長を測定したところ，平均身長は 151.8 cm，標本分散は 12.6^2 であった．この都市の中学 1 年生女子の身長の分布は正規分布に従うものとして，この都市の中学 1 年生女子の平均身長 μ を信頼度 95% で推定せよ．信頼限界はそれぞれ小数第 1 位まで求めよ．

5. あるテレビ番組の視聴率を調べたい．このとき，次の問いに答えよ．
   (1) 95% の信頼区間の幅を 0.04 以下にするためには，何世帯以上に対して調査を行えばよいかを答えよ．
   (2) この番組の視聴率がおよそ 0.11 程度と予想されるとき，99% の信頼区間の幅を 0.06 以下にするためには，何世帯以上に対して調査を行えばよいかを答えよ．

6. 次の問いに答えよ．
   (1) コインを 5 回投げて，表が 1 回出たとき，このコインは表が出にくいといえるか．有意水準 5% で検定せよ．
   (2) コインを n 回投げて，表が 1 回出たとき，このコインが有意水準 5% で表が出にくいといえるような n の値の最小値を求めよ．

補足と証明

A1　いくつかの証明と確率分布

A1.1　チェビシェフの不等式

与えられたデータ $x_1, x_2, \ldots, x_n$ に対して，平均を $\overline{x}$，標準偏差を σ_x，k を正の定数とし，

$$\overline{x} - k\sigma_x \leq x_i \leq \overline{x} + k\sigma_x$$

を満たす x_i の個数を N とすれば，

$$\frac{N}{n} > 1 - \frac{1}{k^2} \tag{A.1}$$

が成り立つ．これをチェビシェフの不等式という．

証明　$|x_i - \overline{x}| > k\sigma_x$ となるデータの個数は $n - N$ 個であるので，これらを $x'_1, x'_2, \ldots, x'_{n-N}$ とすると，分散の定義より，

$$n\sigma_x^2 = \sum_{i=1}^{n}(x_i - \overline{x})^2 \geq \sum_{j=1}^{n-N}(x'_j - \overline{x})^2 > (n-N)k^2\sigma_x^2$$

となる．このことから，$n > (n-N)k^2$ となるので，$\dfrac{N}{n} > 1 - \dfrac{1}{k^2}$ が成り立つ．

証明終

この不等式は，どのような分布に対しても成り立ち，たとえば，$k = 2$ のとき，$1 - \dfrac{1}{2^2} = \dfrac{3}{4}$ であるので，x_i が平均 $\overline{x}$ から標準偏差の 2 倍の範囲内にあるデータの個数は，全体の $\dfrac{3}{4}$ より多いということがわかる．

(A1.2) 相関係数と回帰直線

ここでは，相関係数の性質（定理 4.3）を導くために用いた次の式 (4.3) を示す．

$$\frac{1}{n} \sum_{i=1}^{n} d_i^2 = \sigma_y^2 (1 - r^2)$$

証明　2 つの変数 X, Y に関するデータ

$$(x_1, y_1), (x_2, y_2), \ldots, (x_n, y_n)$$

に対して，Y の X への回帰直線は

$$y = \frac{c_{xy}}{\sigma_x^2}(x - \overline{x}) + \overline{y}$$

で与えられる．$d_i^2 = \left\{ y_i - \left(\frac{c_{xy}}{\sigma_x^2}(x_i - \overline{x}) + \overline{y} \right) \right\}^2$ であり，

$$\sigma_x^2 = \frac{1}{n} \sum_{i=1}^{n} (x_i - \overline{x})^2, \quad \sigma_y^2 = \frac{1}{n} \sum_{i=1}^{n} (y_i - \overline{y})^2$$

であることに注意すると，

$$\begin{aligned}
\frac{1}{n} \sum_{i=1}^{n} d_i^2 &= \frac{1}{n} \sum_{i=1}^{n} \left\{ y_i - \left(\frac{c_{xy}}{\sigma_x^2}(x_i - \overline{x}) + \overline{y} \right) \right\}^2 \\
&= \frac{1}{n} \sum_{i=1}^{n} \left\{ (y_i - \overline{y}) - \frac{c_{xy}}{\sigma_x^2}(x_i - \overline{x}) \right\}^2 \\
&= \frac{1}{n} \sum_{i=1}^{n} (y_i - \overline{y})^2 - 2 \cdot \frac{c_{xy}}{\sigma_x^2} \cdot \frac{1}{n} \sum_{i=1}^{n} (x_i - \overline{x})(y_i - \overline{y}) \\
&\quad + \left(\frac{c_{xy}}{\sigma_x^2} \right)^2 \cdot \frac{1}{n} \sum_{i=1}^{n} (x_i - \overline{x})^2 \\
&= \sigma_y^2 - 2 \cdot \frac{c_{xy}}{\sigma_x^2} \cdot c_{xy} + \left(\frac{c_{xy}}{\sigma_x^2} \right)^2 \cdot \sigma_x^2 \\
&= \sigma_y^2 - \frac{c_{xy}^2}{\sigma_x^2} = \sigma_y^2 \left\{ 1 - \left(\frac{c_{xy}}{\sigma_x \cdot \sigma_y} \right)^2 \right\}
\end{aligned}$$

となる．ここで，$r = \dfrac{c_{xy}}{\sigma_x \cdot \sigma_y}$ より，$\dfrac{1}{n} \sum_{i=1}^{n} d_i^2 = \sigma_y^2 (1 - r^2)$ が導かれる．　証明終

(A1.3) 決定係数の意味

2つの変数 X, Y に関するデータ $(x_1, y_1), (x_2, y_2), \ldots, (x_n, y_n)$ に対して、Y の X に対する回帰直線 $y = ax + b$ の a, b は残差平方和、すなわち

$$f(a, b) = \sum_{i=1}^{n} d_i^2 = \sum_{i=1}^{n} \{y_i - (ax_i + b)\}^2$$

が最小となるように定められた。回帰直線による x_i に対する y の予測値を $\hat{y}_i \, (= ax_i + b)$ とするとき、次のことを示す。

(1) $\displaystyle \overline{d} = \frac{1}{n} \sum_{i=1}^{n} d_i = 0$

(2) x_i と d_i の相関係数は 0 である。

(3) d_i と $\hat{y}_i$ の相関係数は 0 である。

(4) $R^2 = r^2$ （式 (4.4)）

まず、(1) については、$\overline{y} = a\overline{x} + b$ に注意すれば、

$$
\begin{aligned}
\sum_{i=1}^{n} d_i &= \sum_{i=1}^{n} \{y_i - (ax_i + b)\} \\
&= \sum_{i=1}^{n} \{y_i - \overline{y} + \overline{y} - (ax_i + b)\} \\
&= \sum_{i=1}^{n} \{(y_i - \overline{y}) + a\overline{x} + b - ax_i - b\} \\
&= \sum_{i=1}^{n} \{(y_i - \overline{y}) - a(x_i - \overline{x})\} \\
&= \sum_{i=1}^{n} (y_i - \overline{y}) - a \sum_{i=1}^{n} (x_i - \overline{x}) = 0
\end{aligned}
$$

となる。したがって、$\overline{d} = \dfrac{1}{n} \sum d_i = 0$ である。

(2) は、$a = \dfrac{c_{xy}}{\sigma_x^2}$ より、$a\sigma_x^2 = c_{xy}$ であるので、

$$a \frac{1}{n} \sum_{i=1}^{n} (x_i - \overline{x})^2 = \frac{1}{n} \sum_{i=1}^{n} (x_i - \overline{x})(y_i - \overline{y})$$

となる。よって、

$$\sum_{i=1}^{n} (x_i - \overline{x})\{a(x_i - \overline{x}) - (y_i - \overline{y})\} = 0$$

が導かれる．(1) の変形過程から，$a(x_i - \overline{x}) - (y_i - \overline{y}) = d_i$ であり，$\overline{d} = 0$ であるので，

$$\sum_{i=1}^{n} (x_i - \overline{x})(d_i - \overline{d}) = 0$$

となる．x_i と d_i の偏差積和が 0 であることから，x_i と d_i の相関係数は 0 であることがわかる．

　次に，(3) については，$\widehat{y_i}$ の平均 $\overline{\widehat{y}}$ を計算すると，

$$\overline{\widehat{y}} = \frac{1}{n} \sum_{i=1}^{n} \widehat{y_i}$$

$$= \frac{1}{n} \sum_{i=1}^{n} (ax_i + b)$$

$$= \frac{1}{n} \sum_{i=1}^{n} \{y_i + (ax_i + b - y_i)\}$$

$$= \frac{1}{n} \left\{ \sum_{i=1}^{n} y_i - \sum_{i=1}^{n} d_i \right\} = \overline{y} \quad ((1) \text{ より})$$

となり，$\overline{\widehat{y}} = \overline{y}$ である．ここで，$\widehat{y_i} = a(x_i - \overline{x}) + \overline{y}, \overline{d} = 0$ であるので，

$$\sum_{i=1}^{n} (\widehat{y_i} - \overline{\widehat{y}})(d_i - \overline{d}) = \sum_{i=1}^{n} (\widehat{y_i} - \overline{y})d_i$$

$$= \sum_{i=1}^{n} \{a(x_i - \overline{x}) + \overline{y} - \overline{y}\}d_i$$

$$= a \sum_{i=1}^{n} (x_i - \overline{x})d_i = 0$$

である．よって，回帰直線による予測値 $\widehat{y_i}$ と d_i の偏差積和が 0 であることから，同様に，d_i と $\widehat{y_i}$ とは相関がないことが示せる．

　これらのことから，(4) については，Y の実際の値 y_i の偏差平方和は

$$\sum_{i=1}^{n} (y_i - \overline{y})^2 = \sum_{i=1}^{n} (y_i - \widehat{y_i} + \widehat{y_i} - \overline{y})^2$$

$$= \sum_{i=1}^{n} \{d_i + (\widehat{y_i} - \overline{y})\}^2$$

$$= \sum_{i=1}^{n} \{d_i^2 + 2d_i(\widehat{y_i} - \overline{y}) + (\widehat{y_i} - \overline{y})^2\}$$

$$= \sum_{i=1}^{n} d_i^2 + \sum_{i=1}^{n} (\widehat{y_i} - \overline{y})^2 \quad ((3) \text{ より}) \qquad \cdots\cdots ①$$

と分解される．第 1 項は残差の平方和であり，さらに，①の第 2 項（偏差平方和）は，$\widehat{y_i} = a(x_i - \overline{x}) + \overline{y}, \overline{\widehat{y}} = \overline{y}$ であるので，

$$\sum_{i=1}^{n} (\widehat{y_i} - \overline{y})^2 = \sum_{i=1}^{n} \{a(x_i - \overline{x}) + \overline{y} - \overline{y}\}^2$$

$$= a^2 \sum_{i=1}^{n} (x_i - \overline{x})^2 = \left(\frac{s_{xy}}{s_{xx}}\right)^2 \cdot s_{xx}$$

$$= \frac{s_{xy}^2}{s_{xx}}$$

となる．①の第 2 項は回帰直線で予測した値の変動の部分であるので，これを $\sum (y_i - \overline{y})^2 = s_{yy}$ で割った値は，実際のデータの値の変動の中で，予測値の変動の占める割合を示す．これが決定係数（または寄与率）R^2 であり，

$$\frac{s_{xy}^2}{s_{xx} \cdot s_{yy}} = r^2$$

となることから，相関係数の 2 乗で表される．$|r|$ が 1 に近いほど，実際のデータは回帰直線の近くにあり，回帰直線によって実際のデータが十分に説明されていることになる．

(A1.4) ポアソン分布の導出

ここでは，式 (2.13)，すなわち，確率変数 X が二項分布に従うとき，

$$\lim_{n\to\infty} P(X = k) = \frac{\lambda^k}{k!} e^{-\lambda} \quad (k = 0, 1, 2, \ldots)$$

であることを示す．

$np = \lambda$ とおき，$P(X = k)$ を

$$P(X = k) = {}_nC_k p^k (1 - p)^{n-k}$$

$$= \frac{n!}{k!(n - k)!} \cdot \left(\frac{\lambda}{n}\right)^k \cdot \left(1 - \frac{\lambda}{n}\right)^{n-k}$$

$$= \frac{\lambda^k}{k!} \cdot \frac{n(n-1)(n-2)\cdots(n-k+1)}{n^k} \cdot \left(1 - \frac{\lambda}{n}\right)^n \cdot \left(1 - \frac{\lambda}{n}\right)^{-k}$$

$$= \frac{\lambda^k}{k!} \cdot \left\{\left(1 - \frac{\lambda}{n}\right)^{-\frac{n}{\lambda}}\right\}^{-\lambda} \cdot \frac{\left(1 - \frac{1}{n}\right)\left(1 - \frac{2}{n}\right)\cdots\left(1 - \frac{k-1}{n}\right)}{\left(1 - \frac{\lambda}{n}\right)^k}$$

と変形する.

$$\lim_{n\to\infty} \left(1 - \frac{\lambda}{n}\right)^{-\frac{n}{\lambda}} = e, \quad \lim_{n\to\infty} \frac{\left(1 - \frac{1}{n}\right)\left(1 - \frac{2}{n}\right)\cdots\left(1 - \frac{k-1}{n}\right)}{\left(1 - \frac{\lambda}{n}\right)^k} = 1$$

であることから,

$$\lim_{n\to\infty} P(X = k) = \frac{\lambda^k}{k!}e^{-\lambda}$$

となる. この右辺の値を確率にもつ分布が, ポアソン分布である.

(A1.5) 平均と分散の性質

確率変数の和の分散の性質(定理 2.12)を示す.

2.12 分散の性質

a, b, c は定数とする. 確率変数 X, Y が互いに独立ならば,

$$V[aX + bY + c] = a^2V[X] + b^2V[Y]$$

である. とくに, $V[X + Y] = V[X] + V[Y]$ である.

証明 平均の性質を用いて示す. X, Y が互いに独立であることから, $E[XY] = E[X]E[Y]$ に注意する.

$$V[aX + bY + c] = E[(aX + bY + c)^2] - (E[aX + bY + c])^2$$

$$= E[a^2X^2 + b^2Y^2 + 2abXY + 2acX + 2bcY + c^2]$$

$$- (aE[X] + bE[Y] + c)^2$$

$$= a^2E[X^2] + b^2E[Y^2] + 2abE[XY] + 2acE[X] + 2bcE[Y] + c^2$$

$$- \left\{a^2E[X]^2 + b^2E[Y]^2 + 2abE[X]E[Y] + 2acE[X] + 2bcE[Y] + c^2\right\}$$

$$= a^2\left(E[X^2] - E[X]^2\right) + b^2\left(E[Y^2] - E[Y]^2\right)$$

$$= a^2V[X] + b^2V[Y]$$

証明終

次の n 変数の確率変数の平均と分散に対しても, 同様に示すことができる.

2.13　n 変数の確率変数の平均と分散

$a_1, a_2, \ldots, a_n$ は定数とする．確率変数 $X_1, X_2, \ldots, X_n$ に対して，次のことが成り立つ．

(1)　$E[a_1 X_1 + a_2 X_2 + \cdots + a_n X_n] = a_1 E[X_1] + a_2 E[X_2] + \cdots + a_n E[X_n]$

(2)　$X_1, X_2, \ldots, X_n$ が互いに独立であれば，

$$V[a_1 X_1 + a_2 X_2 + \cdots + a_n X_n] = a_1^2 V[X_1] + a_2^2 V[X_2] + \cdots + a_n^2 V[X_n]$$

このことを用いて，二項分布の平均と分散（定理 2.6）を示す．

2.6　二項分布の平均と分散

確率変数 X が二項分布 $B(n, p)$ に従うとき，次のことが成り立つ．ただし，$q = 1 - p$ である．

(1)　$E[X] = np$　　　　　　　　(2)　$V[X] = npq$

証明　確率変数 X が二項分布 $B(n, p)$ に従うとき，X は n 回の独立試行において，起こる確率が p である事象の起こる回数であると考えられる．そこで，k 回目の独立試行に対して，その事象が起こったときに $X_k = 1$，起こらなかったときに $X_k = 0$ と定義すれば，X_k は確率変数であり，$X = X_1 + X_2 + \cdots + X_n$ と表すことができる．

このとき，任意の k $(1 \leq k \leq n)$ に対して，

$$E[X_k] = p, \quad V[X_k] = p(1 - p)$$

となる．定理 2.13 より，次が得られる．

$$E[X] = E[X_1] + E[X_2] + \cdots + E[X_n]$$
$$= p + p + \cdots + p = np$$
$$V[X] = V[X_1] + V[X_2] + \cdots + V[X_n]$$
$$= p(1 - p) + p(1 - p) + \cdots + p(1 - p) = np(1 - p)$$

証明終

(A1.6)　いろいろな確率分布の確率密度関数

χ^2 分布　　自由度 n の χ^2 分布の確率密度関数 $f(x)$ は，

$$f(x) = \begin{cases} \dfrac{1}{2^{\frac{n}{2}} \Gamma \left(\dfrac{n}{2} \right)} x^{\frac{n}{2} - 1} e^{-\frac{x}{2}} & (x > 0) \\ 0 & (x \leq 0) \end{cases}$$

である．$\Gamma(s)$ はガンマ関数とよばれる関数で，次の広義積分で定義される．

$$\Gamma(s) = \int_0^\infty e^{-x} x^{s-1} dx \quad (s > 0)$$

[note]　ガンマ関数は自然数の階乗を実数にまで拡張した関数であり，

$$\Gamma(s+1) = s\Gamma(s), \quad \Gamma(n+1) = n! \quad (s > 0, \; n \text{ は自然数})$$

であることが知られている．

t 分布　　自由度 n の t 分布の確率密度関数 $f(t)$ は，

$$f(t) = \frac{1}{\sqrt{n\pi}} \cdot \frac{\Gamma\left(\dfrac{n+1}{2}\right)}{\Gamma\left(\dfrac{n}{2}\right)} \left(1 + \frac{t^2}{n}\right)^{-\frac{n+1}{2}}$$

であり，$f(t)$ は偶関数である．

F 分布　　2 つの母集団に対して，それらの母分散の違いを，比をとって調べるときに必要となるのが F 分布である．

確率変数 X_1, X_2 が互いに独立で，それぞれ自由度 m, n の χ^2 分布に従うとき，$F = \dfrac{X_1}{m} \Big/ \dfrac{X_2}{n}$ が従う分布を**自由度 (m, n) の F 分布**という．

自由度 (m, n) の F 分布の確率密度関数は

$$f(x) = \begin{cases} \dfrac{\Gamma\left(\dfrac{m+n}{2}\right)}{\Gamma\left(\dfrac{m}{2}\right)\Gamma\left(\dfrac{n}{2}\right)} \left(\dfrac{m}{n}\right)^{\frac{m}{2}} \left(1 + \dfrac{m}{n}x\right)^{-\frac{m+n}{2}} x^{\frac{m}{2}-1} & (x > 0) \\[4mm] 0 & (x \leqq 0) \end{cases}$$

である．

F 分布の確率密度関数 $f(x)$ のグラフは，下図のように $x > 0$ の範囲で正となる曲線であり，自由度 (m, n) の組み合わせによりグラフの形が変わる．巻末の F 分布表（付表 5–1, 5–2）は，確率変数 F が自由度 (m, n) の F 分布に従うとき，よく用いられる値 α

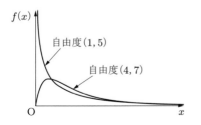
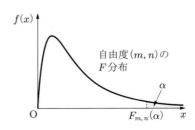

$(0 < \alpha < 1)$ に対して $P(F \geq k) = \alpha$ を満たす k の近似値を示したものである．この k の値を $F_{m,n}(\alpha)$ と書き，**F 分布の（上側）α 点**または **100α％点**という．

いま，$F = \dfrac{X_1}{m} \Big/ \dfrac{X_2}{n}$ に対して $F' = \dfrac{1}{F}$ を考えると，$F' = \dfrac{X_2}{n} \Big/ \dfrac{X_1}{m}$ となるから，F' は自由度 (n,m) の F 分布に従う．$F \geq \dfrac{1}{k}(k > 0)$ であれば $F' \leq k$ であるから，

$$P\left(F \geq \frac{1}{F_{n,m}(1-\alpha)}\right) = P\left(F' \leq F_{n,m}(1-\alpha)\right) = 1 - (1-\alpha) = \alpha$$

が成り立つ．これは，次の関係が成り立つことを示している．

$$F_{m,n}(\alpha) = \frac{1}{F_{n,m}(1-\alpha)}$$

<u>例 A1.1</u>　　F が自由度 $(10,8)$ の F 分布に従うとき，F 分布表により $F_{10,8}(0.05) = 3.35$ である．したがって，$P(F \geq 3.35) = 0.05$ である．これは，$P(0 \leq F < 3.35) = 0.95$ ということでもある．また，$1 - 0.95 = 0.05$ であるから，

$$F_{10,8}(0.95) = \frac{1}{F_{8,10}(1-0.95)} = \frac{1}{F_{8,10}(0.05)} = \frac{1}{3.07} \fallingdotseq 0.326$$

である．したがって，$P(F \geq 0.326) = 0.95$ である．

問A1.1　F 分布表を用いて，次の値を求めよ．(3) は小数第 4 位を四捨五入せよ．

(1)　$F_{8,4}(0.05)$　　　　　(2)　$F_{10,14}(0.05)$　　　　　(3)　$F_{15,8}(0.95)$

分散が等しい 2 つの正規母集団 $N(\mu_1, \sigma^2)$, $N(\mu_2, \sigma^2)$ から独立に抽出した，大きさがそれぞれ m, n の無作為標本の不偏分散を，それぞれ U_1^2, U_2^2 とする．定理 5.8 より，$\dfrac{(m-1)U_1^2}{\sigma^2}, \dfrac{(n-1)U_2^2}{\sigma^2}$ は，それぞれ自由度 $m-1, n-1$ の χ^2 分布に従う．したがって，F 分布の定義より，

$$F = \frac{(m-1)U_1^2}{(m-1)\sigma^2} \Big/ \frac{(n-1)U_2^2}{(n-1)\sigma^2} = \frac{U_1^2}{U_2^2}$$

は自由度 $(m-1, n-1)$ の F 分布に従う．

以上のことから，次が成り立つ．

A1.1　F 分布に従う統計量

2 つの正規母集団 $N(\mu_1, \sigma^2)$, $N(\mu_2, \sigma^2)$ から独立に抽出した，大きさがそれぞれ m, n の無作為標本に対し，それらの不偏分散をそれぞれ U_1^2, U_2^2 とするとき，

$$F = \frac{U_1^2}{U_2^2}$$

は自由度 $(m-1, n-1)$ の F 分布に従う．

A2 いろいろな検定

A2.1 母平均の差の検定

　与えられた 2 つの正規母集団 $N(\mu_1, \sigma_1^2)$, $N(\mu_2, \sigma_2^2)$ について，それぞれの母平均 μ_1，μ_2 の間に差があるかどうかを検定する．これを**母平均の差の検定**という．

　いま，母分散 σ_1^2, σ_2^2 は既知であるとする．2 つの母集団から抽出した，大きさがそれぞれ n_1 と n_2 の無作為標本に対し，標本平均をそれぞれ $\overline{X}$, $\overline{Y}$ とする．

　帰無仮説 H_0 を

$$H_0 : \mu_1 = \mu_2$$

とする．このとき，$\overline{X}$, $\overline{Y}$ は，それぞれ $N(\mu_1, \sigma_1^2/n_1)$, $N(\mu_2, \sigma_2^2/n_2)$ に従うので，確率変数 $\overline{X} - \overline{Y}$ は，正規分布の再生性（定理 5.3）より，$N\left(\mu_1 - \mu_2, \sigma_1^2/n_1 + \sigma_2^2/n_2\right)$ に従う．よって，

$$Z = \frac{(\overline{X} - \overline{Y}) - (\mu_1 - \mu_2)}{\sqrt{\sigma_1^2/n_1 + \sigma_2^2/n_2}}$$

は標準正規分布に従うことがわかる．このとき，H_0 が正しいとすると，$\mu_1 - \mu_2 = 0$ であるから，この確率変数 Z は

$$Z = \frac{\overline{X} - \overline{Y}}{\sqrt{\sigma_1^2/n_1 + \sigma_2^2/n_2}}$$

となる．したがって，この Z を検定統計量として，母分散が既知のときの母平均の検定（Z 検定）と同様に扱うことができる．

　有意水準が 100α ％ $(0 < \alpha < 1)$ のとき，棄却域は対立仮説に応じて次のように設定する．

$$H_1 : \mu_1 \neq \mu_2 \text{のとき（両側検定）,} \quad z \leqq -z(\alpha/2),\ z(\alpha/2) \leqq z$$

$$H_1 : \mu_1 > \mu_2 \text{のとき（右側検定）,} \quad z(\alpha) \leqq z$$

$$H_1 : \mu_1 < \mu_2 \text{のとき（左側検定）,} \quad z \leqq -z(\alpha)$$

　それぞれの母分散 σ_1^2, σ_2^2 が未知の場合でも，標本の大きさ n_1, n_2 が十分に大きければ，σ_1^2 と σ_2^2 の代わりに不偏分散の実現値 u_1^2 と u_2^2 で置き換えてもよいことが知られている．そのようなときは，母分散が未知の場合，帰無仮説 $H_0 : \mu_1 = \mu_2$ が正しいとすれば，検定統計量 $Z = \dfrac{\overline{X} - \overline{Y}}{\sqrt{u_1^2/n_1 + u_2^2/n_2}}$ は近似的に $N(0,1)$ に従うと考え，検定を行うことができる．またこのとき，不偏分散 U^2 と標本分散 S^2 との間には，$\dfrac{U^2}{n} = \dfrac{S^2}{n-1}$ という関

係があるので，検定統計量 Z は次の形に表すこともできる．

$$Z = \frac{\overline{X} - \overline{Y}}{\sqrt{s_1^2/(n_1 - 1) + s_2^2/(n_2 - 1)}}$$

例題 A2.1　母平均の差の検定

　ある病気の新薬の治験をマウスを使って行った．この病気にかかったマウスをグループ A とグループ B に分けて，A のマウスには新薬を投与し，B のマウスには従来の薬を与えた．グループ A, B からそれぞれ無作為に 100 匹，90 匹のマウスを選んで，薬の効果を検証した．その結果，A のマウスの寿命の標本平均は 12.5 ヶ月でその標準偏差は $s_1 = 3.4$，B のマウスの寿命の標本平均は 11.7 ヶ月でその標準偏差は $s_2 = 2.2$ であった．両グループの寿命は正規分布に従うことがわかっている．この新薬は従来の薬と比べて効果が高いといえるか．有意水準 5% で検定せよ．

解　グループ A, B の平均寿命をそれぞれ μ_1, μ_2 として，帰無仮説 H_0 と対立仮説 H_1 を次のように設定する．

$$H_0 : \mu_1 = \mu_2, \quad H_1 : \mu_1 > \mu_2$$

グループ A，グループ B それぞれの標本平均を $\overline{X}, \overline{Y}$ とする．H_0 が正しいとすると，母分散が未知であるが，標本の大きさは十分に大きく，それぞれの標本の標準偏差 s_1, s_2 がわかっているので，

$$Z = \frac{\overline{X} - \overline{Y}}{\sqrt{3.4^2/99 + 2.2^2/89}}$$

は近似的に $N(0,1)$ に従う．対立仮説より右側検定を行う．有意水準 5% に対して，$P(Z \geq 1.645) = 0.05$ であるから，棄却域は $1.645 \leq z$ である．

　検定統計量の実現値 z は

$$z = \frac{12.5 - 11.7}{\sqrt{3.4^2/99 + 2.2^2/89}} = 1.933\cdots$$

となる．この値は棄却域に含まれるから，H_0 は棄却される．したがって，有意水準 5% では，新薬は従来の薬と比べて効果が高いといえる．

問 A2.1　2 つのタバコの銘柄 A と B について，1 本あたりのニコチンの含有量を調べた．銘柄 A からは無作為に 60 本を選んだところ，標本平均は 5.5 mg，標準偏差は 0.23 mg であった．銘柄 B に対しては，無作為に 50 本を選んだところ，標本平均 5.4 mg，標準偏差は 0.21 mg であった．両銘柄の 1 本あたりのニコチン含有量に差があるといえるか．有意水準 1% で検定せよ．

A2.2　等分散の検定

　平均，分散がともに未知である 2 つの正規母集団 $N(\mu_1, \sigma_1^2)$，$N(\mu_2, \sigma_2^2)$ から抽出した

標本をもとに，2つの分散が等しいかどうかを検定する．これを**等分散の検定**という．

　2つの正規母集団 $N(\mu_1, \sigma_1^2)$, $N(\mu_2, \sigma_2^2)$ からそれぞれ大きさ n_1, n_2 の無作為標本を抽出し，それぞれの不偏分散を U_1^2, U_2^2 とおく．帰無仮説 H_0，対立仮説 H_1 を

$$H_0 : \sigma_1^2 = \sigma_2^2, \quad H_1 : \sigma_1^2 \neq \sigma_2^2$$

とする．H_0 が正しいと仮定すると，定理 A1.1 より，統計量

$$F = \frac{U_1^2}{U_2^2}$$

は自由度 $(n_1 - 1, n_2 - 1)$ の F 分布に従う．F の実現値を f とすれば，両側検定の場合の棄却域は，

$$F_{n_1-1, n_2-1}\left(1 - \frac{\alpha}{2}\right) = \frac{1}{F_{n_2-1, n_1-1}(\alpha/2)}$$

である．ここで，F 分布の性質より，

$$\frac{1}{f} \geq \frac{1}{F_{n_1-1, n_2-1}(1 - \alpha/2)} = F_{n_2-1, n_1-1}\left(\frac{\alpha}{2}\right)$$

となる．したがって，棄却域を

$$f \leq \frac{1}{F_{n_2-1, n_1-1}\left(\dfrac{\alpha}{2}\right)}, \quad f \geq F_{n_1-1, n_2-1}\left(\frac{\alpha}{2}\right)$$

として検定を行う．

　片側検定の場合，u_1^2, u_2^2 の大きいほうを分子とする．たとえば，$u_1^2 > u_2^2$ であれば検定統計量を $F = \dfrac{U_1^2}{U_2^2}$ とおき，棄却域は $f \geq F_{n_1-1, n_2-1}(\alpha)$ として右側検定を行う．

　このように，F 分布を用いた検定を **F 検定**という．

例題 A2.2 　等分散の検定 ────────────────

　牧場 A と牧場 B それぞれから出荷される生乳を比べると，乳脂肪分の量のばらつきに違いがあると考えられた．このことを検証するために，それぞれの牧場から牛を 8 頭選び，それらから絞った生乳の乳脂肪分の量を検査したところ，次のデータを得た（単位 [mg]）．

$$\text{牧場 A：} 3.9, \ 4.1, \ 3.5, \ 3.4, \ 4.2, \ 3.3, \ 3.0, \ 3.7$$
$$\text{牧場 B：} 3.2, \ 4.0, \ 3.4, \ 3.5, \ 3.7, \ 3.8, \ 3.9, \ 4.1$$

乳脂肪分の分布は正規分布に従うとして，2 つの牧場の生乳の乳脂肪分の量のばらつきに違いがあるといってよいか．有意水準 5% で検定せよ．

解　牧場 A, B の母分散をそれぞれ σ_1^2, σ_2^2 とする．次のように仮説を立て，両側検定を行う．

$$H_0 : \sigma_1^2 = \sigma_2^2, \quad H_1 : \sigma_1^2 \neq \sigma_2^2$$

牧場 A, B から無作為抽出された標本の不偏分散をそれぞれ U_1^2, U_2^2 とし，検定統計量を $F = \dfrac{U_1^2}{U_2^2}$ とおく．

いま，H_0 が正しいとすると，F は自由度 $(7, 7)$ の F 分布に従う．

F 分布表より $F_{7,7}(0.025) = 4.99$, $F_{7,7}(0.975) = \dfrac{1}{F_{7,7}(0.025)} = \dfrac{1}{4.99} = 0.20040\cdots \fallingdotseq 0.20$ であるから，棄却域は $f \leq 0.20$, $f \geq 4.99$ である．標本の不偏分散の実現値がそれぞれ $u_1^2 \fallingdotseq 0.171$, $u_2^2 \fallingdotseq 0.0971$ であるから，統計量 F の実現値は

$$f = \frac{0.171}{0.0971} = 1.76\cdots$$

である．よって，この値は棄却域には含まれないので，H_0 は棄却されない．したがって，有意水準 5% では，2 つの牧場の生乳の乳脂肪分の量のばらつきに違いがあるとはいえない．

問 A2.2　養鶏場 A と養鶏場 B から，それぞれ 13 個，16 個の卵を無作為に抽出したところ，次のデータを得た．

養鶏場 A：13 個の卵の重さの平均 $\overline{x} = 38\,[\mathrm{g}]$，標準偏差 $s_1 = 5.52$

養鶏場 B：16 個の卵の重さの平均 $\overline{y} = 42\,[\mathrm{g}]$，標準偏差 $s_2 = 6.27$

このとき，卵の重さは正規分布に従うとして，2 つの養鶏場から出荷される卵の重さの母分散は異なるといえるか．有意水準 5% で検定せよ．

(A2.3) 適合度の検定

さまざまな調査や実験の結果は，理論値に完全に一致することはほとんどなく，ある程度近い値として得られることが多い．ここでは，いくつかの排反な事象が，特定の確率分布に従うとみなしてよいかどうかの検定について考える．このような検定を**適合度の検定**という．

母集団が互いに排反な事象 $A_1, A_2, \ldots, A_N$ の和事象であるとき，これらの母比率がそれぞれ $P(A_i) = p_i$ $(i = 1, \ldots, N)$ であるかどうかを検定する．ただし，$p_1 + p_2 + \cdots + p_N = 1$ を満たしているとする．

そこで，次のような仮説を立てる．

$H_0 : P(A_i) = p_i$ $(i = 1, \ldots, N)$,

$H_1 :$ いずれかの i に対して，$P(A_i) \neq p_i$

帰無仮説 H_0 が正しいとすると，母集団から大きさ n の標本を抽出したとき，$A_1, A_2, \ldots, A_N$ に

	A_1	A_2	$\cdots$	A_N	計
観測度数	x_1	x_2	$\cdots$	x_N	n
母比率	p_1	p_2	$\cdots$	p_N	1
期待度数	np_1	np_2	$\cdots$	np_N	n

属する標本の個数の期待値は，それぞれ $np_1, np_2, \ldots, np_N$ である．これらを**期待度数**という．また，実際に抽出した標本で $A_1, A_2, \ldots, A_N$ に属する個数 $x_1, x_2, \ldots, x_N$ を**観測度数**という．観測度数は，$x_1 + x_2 + \cdots + x_N = n$ を満たす．

このとき，

$$X = \sum_{i=1}^{N} \frac{(x_i - np_i)^2}{np_i}$$

は，n が十分大きいとき，近似的に自由度 $N-1$ の χ^2 分布に従うことが知られている．検定統計量 X は理論値と実験結果とのずれの大きさを表しているので，X の値が 0 に近ければ H_0 は棄却されず，X の値が 0 より大きく離れた値であれば H_0 は棄却される．したがって，適合度の検定はつねに右側検定となる．有意水準 $100\alpha\,\%$ $(0 < \alpha < 1)$ のときの棄却域は，X の実現値 x に対して次のようにおく．

$$\chi^2{}_{N-1}(\alpha) \leqq x$$

例題 A2.3　適合度の検定 ―――――――――――――――――――

1 等が 1/12，2 等が 1/6，3 等が 1/4，はずれが 1/2 の割合で入っていると公表されているくじがある．このくじを 120 回引いたところ，右の表のようなデータを得た．このくじのあたりとはずれの比率が正しいかどうかを有意水準 5% で検定せよ．

	1 等	2 等	3 等	はずれ	計
実験結果	12	8	24	76	120
比率	$\frac{1}{12}$	$\frac{1}{6}$	$\frac{1}{4}$	$\frac{1}{2}$	1

解 帰無仮説 $H_0 : p_1 = \dfrac{1}{12}, p_2 = \dfrac{1}{6}, p_3 = \dfrac{1}{4}, p_4 = \dfrac{1}{2}$ のもとで検定を行う．ここで，有意水準 5% に対しての棄却域は，$\chi^2{}_3(0.05) = 7.815$ より $7.815 \leqq x$ である．X の実現値は

$$x = \frac{(12-10)^2}{10} + \frac{(8-20)^2}{20} + \frac{(24-30)^2}{30} + \frac{(76-60)^2}{60} = 13.066\cdots$$

となる．この値は棄却域に含まれるので，H_0 は棄却される．したがって，有意水準 5% では，このくじのあたりとはずれの比率は正しくないといえる．

	1 等	2 等	3 等	はずれ	計
実験結果	12	8	24	76	120
比率	$\frac{1}{12}$	$\frac{1}{6}$	$\frac{1}{4}$	$\frac{1}{2}$	1
理論値	10	20	30	60	120

問 A2.3　ある地域に自生する 624 匹の蝶の色を調べたところ，黄 102 匹，紫 201 匹，白 321 匹という内訳であった．これより，この地域に自生する蝶の色の比は，黄：紫：白 = 1：2：3 でないと判断してよいか．有意水準 5% で検定せよ．

(A2.4) 独立性の検定

n 個の標本が 2 種類の性質 A と B によって，下の表のようにいくつかの集合に分割されているとする．x_{ij} はそれぞれ A_i と B_j の性質をもつ標本の個数を表す．

ここで，

$$x_{i\bullet} = \sum_{j=1}^{s} x_{ij}, \quad x_{\bullet j} = \sum_{i=1}^{r} x_{ij},$$

$$n = \sum_{i=1}^{r}\sum_{j=1}^{s} x_{ij} = \sum_{j=1}^{s} x_{\bullet j} = \sum_{i=1}^{r} x_{i\bullet}$$

	B_1	B_2	$\cdots$	B_s	計
A_1	x_{11}	x_{12}	$\cdots$	x_{1s}	$x_{1\bullet}$
A_2	x_{21}	x_{22}	$\cdots$	x_{2s}	$x_{2\bullet}$
$\vdots$	$\vdots$	$\vdots$	$\ddots$	$\vdots$	$\vdots$
A_r	x_{r1}	x_{r2}	$\cdots$	x_{rs}	$x_{r\bullet}$
計	$x_{\bullet 1}$	$x_{\bullet 2}$	$\cdots$	$x_{\bullet s}$	n

である．いま，

$$P(A_i \cap B_j) = p_{ij} = \frac{x_{ij}}{n}, \quad P(A_i) = p_{i\bullet} = \frac{x_{i\bullet}}{n}, \quad P(B_j) = p_{\bullet j} = \frac{x_{\bullet j}}{n}$$

として，性質 A, B が独立であるかどうかを検定する．このような検定を**独立性の検定**という．

帰無仮説 H_0 を

$$H_0：「性質 \ A, B \ が独立である」$$

とする．帰無仮説 H_0 が正しいとすると，$p_{ij} = p_{i\bullet} \cdot p_{\bullet j}$ が成り立っている．このとき，標本の中で性質 A_i と B_j をもつ期待度数 m_{ij} は，

$$m_{ij} = np_{ij} = np_{i\bullet} \cdot p_{\bullet j} = \frac{x_{i\bullet} \cdot x_{\bullet j}}{n}$$

である．そこで，検定統計量 X を

$$X = \sum_{i=1}^{r}\sum_{j=1}^{s} \frac{(x_{ij} - m_{ij})^2}{m_{ij}}$$

とすると，n が十分大きいとき，X は近似的に自由度 $(r-1)(s-1)$ の χ^2 分布に従うことが知られている．検定統計量の定義式から，独立性の検定も適合度の検定と同様に右側検定である．したがって，有意水準が 100α ％ $(0 < \alpha < 1)$ のときの棄却域は，X の実現値 x に対して次のようにおく．

$$\chi^2_{(r-1)(s-1)}(\alpha) \leqq x$$

例題 A2.4　**独立性の検定**

右の表は，ある工学部の学生 480 人の数学，物理，化学の成績である．科目と成績評価は独立でないと考えてよいか．有意水準 5% で検定せよ．

	優	良	可	不可	計 [人]
数学	70	74	76	20	240
物理	40	52	52	16	160
化学	15	16	36	13	80
計 [人]	125	142	164	49	480

解　帰無仮説 H_0：「数学，物理，化学の科目と成績は独立である」を検定する．$r = 3$，$s = 4$ の場合であるから，χ^2 分布の自由度は $(3-1)(4-1) = 6$ である．$\chi^2{}_6(0.05) = 12.59$ より，棄却域は $12.59 \leq x$ となる．期待度数を求めると，右の表のようになる．X の実現値は，

	優	良	可	不可	計
数学	62.5	71	82	24.5	240
物理	41.7	47.3	54.7	16.3	160
化学	20.8	23.7	27.3	8.2	80
計	125	142	164	49	480

$$x = \frac{(70 - 62.5)^2}{62.5} + \cdots + \frac{(13 - 8.2)^2}{8.2} = 12.668\cdots$$

となる．この値は棄却域に含まれるので，帰無仮説は棄却される．したがって，有意水準 5% では，3 科目と成績は独立でないといえる．

[note]　適合度の検定や独立性の検定で，観測度数や期待度数がおよそ 5 以下となるところがある場合は，検定統計量 X はこのままでは使えない．

問 A2.4　次のデータは，ある高校で無作為に選んだ男女に対して，1 ヶ月あたりに使う洋服代を調べたものである．この高校において，性別と洋服代は独立でないといえるか．有意水準 5% で検定せよ．

	5000 円未満	5000 円以上 10000 円未満	10000 円以上	計 [人]
男子	13	15	8	36
女子	23	39	10	72
計 [人]	36	54	18	108

解　答

第1節の問

1.1 (1) $P(A) = \dfrac{1}{9}$　　(2) $P(B) = \dfrac{1}{4}$

1.2 (1) $\dfrac{3}{14}$　(2) $\dfrac{1}{7}$　(3) $\dfrac{1}{14}$

(4) $\dfrac{2}{7}$　(5) $\dfrac{5}{7}$

1.3 (1) $\dfrac{1}{11}$　(2) $\dfrac{10}{11}$　(3) $\dfrac{17}{33}$

1.4 $\dfrac{5}{16}$

1.5 (1) $\dfrac{31}{136}, \dfrac{2}{17}$　(2) $\dfrac{16}{31}$　(3) $\dfrac{31}{63}$

1.6 (1) $\dfrac{2}{21}$　(2) $\dfrac{5}{21}$　(3) $\dfrac{2}{3}$

1.7 $P(A) = \dfrac{6}{13},\ P(B) = \dfrac{3}{13},\ P(C) = \dfrac{1}{4}$

(1) $P(A \cap B) = \dfrac{1}{13}$ より，互いに独立でない．

(2) $P(A \cap C) = \dfrac{3}{26}$ より，互いに独立である．

(3) $P(B \cap C) = \dfrac{3}{52}$ より，互いに独立である．

1.8 $P(A \cap B) = P(A)P(B)$ であることと乗法定理を用いて，

$$
\begin{aligned}
P(\overline{A})P(B|\overline{A}) &= P(\overline{A} \cap B) \\
&= P(B) - P(A \cap B) \\
&= P(B) - P(A)P(B) \\
&= P(B)(1 - P(A)) \\
&= P(B)P(\overline{A})
\end{aligned}
$$

$P(\overline{A}) \neq 0$ より，$P(B|\overline{A}) = P(B)$ である．

1.9 $\dfrac{35}{59}$

1.10 製品がそれぞれの機械 A，B，C で作られているという事象を A，B，C で表し，製品が不良品であるという事象を F とする．求める確率はベイズの定理より，

$P(A|F)$

$$
= \dfrac{P(A)P(F|A)}{P(A)P(F|A) + P(B)P(F|B) + P(C)P(F|C)}
$$

である．条件より，$P(A) = \dfrac{2}{10}$，$P(B) = \dfrac{3}{10}$，$P(C) = \dfrac{5}{10}$，$P(F|A) = \dfrac{3}{100}$，$P(F|B) = \dfrac{2}{100}$，$P(F|C) = \dfrac{4}{100}$ である．よって，

$$
\begin{aligned}
P(A|F) &= \dfrac{\dfrac{2}{10} \cdot \dfrac{3}{100}}{\dfrac{2}{10} \cdot \dfrac{3}{100} + \dfrac{3}{10} \cdot \dfrac{2}{100} + \dfrac{5}{10} \cdot \dfrac{4}{100}} \\
&= \dfrac{3}{16}
\end{aligned}
$$

1.11 製品が規格外であるという事象を A，製品が検査で合格するという事象を B とする．このとき，求める確率は $P(A|B)$ である．条件より，$P(A) = 0.1$，$P(\overline{A}) = 0.9$，$P(B|A) = 0.13$，$P(B|\overline{A}) = 0.97$ である．よって，ベイズの定理より，

$$
\begin{aligned}
P(A|B) &= \dfrac{P(A)P(B|A)}{P(A)P(B|A) + P(\overline{A})P(B|\overline{A})} \\
&= \dfrac{0.1 \times 0.13}{0.1 \times 0.13 + 0.9 \times 0.97} \\
&= 0.01467\cdots \fallingdotseq 0.015
\end{aligned}
$$

したがって，検査が合格である製品が規格外である確率は，およそ 0.015 である．

練習問題1

[1] (1) $\dfrac{3}{11}$　(2) $\dfrac{21}{22}$　(3) $\dfrac{9}{22}$

[2] (1) $\dfrac{1}{6}$　(2) $\dfrac{3125}{46656}$　(3) $\dfrac{3125}{7776}$

(4) $\dfrac{665}{729}$

[3]　(1) $\dfrac{7}{9}$　　(2) $\dfrac{4}{45}$

[4]　(1) $\dfrac{1083}{8000}$　　(2) $\dfrac{29}{4000}$

[5]　(1) $\left(\dfrac{5}{6}\right)^{2n-2}\cdot\dfrac{1}{6}$

　(2) 初項 $\dfrac{1}{6}$, 公比 $\dfrac{25}{36}$ の無限等比級数の和に

　なるので, $\dfrac{6}{11}$.

[6]　黒い袋から玉を取り出す事象を K, 茶色の
袋から玉を取り出す事象を N, 赤玉を取り出
す事象を R, 白玉を取り出す事象を W とす
ると, $P(K)=\dfrac{1}{3}$, $P(N)=\dfrac{2}{3}$, $P(R|K)=$
$\dfrac{3}{10}$, $P(W|K)=\dfrac{7}{10}$, $P(R|N)=\dfrac{11}{15}$,
$P(W|N)=\dfrac{4}{15}$.

　(1) $P(R)=P(K)P(R|K)+P(N)P(R|N)$
$=\dfrac{1}{3}\cdot\dfrac{3}{10}+\dfrac{2}{3}\cdot\dfrac{11}{15}=\dfrac{53}{90}$

　(2) 求める確率は $P_R(K)=\dfrac{P(R\cap K)}{P(R)}$ で
ある. $P(R\cap K)=P(K)P_K(R)=\dfrac{1}{3}\cdot\dfrac{3}{10}$
$=\dfrac{1}{10}$ であり, (1) の結果から $P(R)=\dfrac{53}{90}$

であるから, $P_R(K)=\dfrac{\dfrac{1}{10}}{\dfrac{53}{90}}=\dfrac{9}{53}$.

第2節の問

2.1　(1)

X	0	1	2	3	計
確率	$\dfrac{1}{8}$	$\dfrac{3}{8}$	$\dfrac{3}{8}$	$\dfrac{1}{8}$	1

(2)

Y	1	2	3	計
確率	$\dfrac{1}{6}$	$\dfrac{1}{2}$	$\dfrac{1}{3}$	1

2.2　(1) $a=\dfrac{3}{4}$　　(2) $\dfrac{11}{32}$

2.3　(1) $E[X]=\dfrac{3}{2}$　　(2) $E[Y]=\dfrac{13}{6}$

2.4　$E[X]=\dfrac{4}{3}$

2.5　$E[X]=1$, $E[X^2]=\dfrac{3}{2}$, $E[3X+1]=$
4, $E[(X-1)^2]=\dfrac{1}{2}$

2.6　X の確率分布表は

X	0	1	2	3	4	5	計
確率	$\dfrac{6}{36}$	$\dfrac{10}{36}$	$\dfrac{8}{36}$	$\dfrac{6}{36}$	$\dfrac{4}{36}$	$\dfrac{2}{36}$	1
x_ip_i	0	$\dfrac{10}{36}$	$\dfrac{16}{36}$	$\dfrac{18}{36}$	$\dfrac{16}{36}$	$\dfrac{10}{36}$	$\dfrac{35}{18}$
$x_i^2p_i$	0	$\dfrac{10}{36}$	$\dfrac{32}{36}$	$\dfrac{54}{36}$	$\dfrac{64}{36}$	$\dfrac{50}{36}$	$\dfrac{35}{6}$

であり, $E[X]=\dfrac{35}{18}$, $V[X]=\dfrac{665}{324}$,
$\sigma[X]=\dfrac{\sqrt{665}}{18}$

2.7　$E[X]=0$, $V[X]=\dfrac{12}{5}$, $\sigma[X]=$
$\dfrac{2\sqrt{15}}{5}$

2.8　$P(X=k)={}_3\mathrm{C}_k\left(\dfrac{4}{15}\right)^k\left(\dfrac{11}{15}\right)^{3-k}$
$(k=0,1,2,3)$
$E[X]=\dfrac{4}{5}$, 　$V[X]=\dfrac{44}{75}$

2.9　(1) $e^{-2.5}\fallingdotseq 0.0821$

　(2) $2.5e^{-2.5}\fallingdotseq 0.2052$

　(3) $1-\dfrac{53}{8}e^{-2.5}\fallingdotseq 0.4562$

2.10　(1) 0.4406　　(2) 0.8714
　(3) 0.9759　　(4) 0.0250

2.11　(1) $z_1=2.06$　　(2) $z_2=2.326$

2.12　(1) 1.190　　　　(2) 2.170
　(3) 2.576　　(4) 3.090

2.13　(1) 0.3413　　(2) 0.3345
　(3) 0.4649

2.14　$\lambda=0.6745$

2.15　(1) 2119 番目　　(2) およそ 292 点

2.16　0.3830

2.17

X \ Y	0	1	計
0	$\dfrac{15}{26}$	$\dfrac{5}{26}$	$\dfrac{10}{13}$
1	$\dfrac{9}{52}$	$\dfrac{3}{52}$	$\dfrac{3}{13}$
計	$\dfrac{3}{4}$	$\dfrac{1}{4}$	1

2.18 例題 2.6 の確率変数 X, Y は互いに独立である.

非復元抽出の場合の同時確率分布と周辺分布は次のようになる.

X＼Y	0	1	計
0	$\frac{19}{34}$	$\frac{13}{68}$	$\frac{3}{4}$
1	$\frac{13}{68}$	$\frac{1}{17}$	$\frac{1}{4}$
計	$\frac{3}{4}$	$\frac{1}{4}$	1

表より,非復元抽出の場合は,互いに独立ではない.

2.19

r_k	0	1		2	計
(x_i,y_j)	$(0,0)$	$(1,0)$	$(0,1)$	$(1,1)$	
$P(X=x_i,Y=y_j)$	$\frac{9}{16}$	$\frac{3}{16}$	$\frac{3}{16}$	$\frac{1}{16}$	1
$P(X+Y=r_k)$	$\frac{9}{16}$	$\frac{6}{16}$		$\frac{1}{16}$	1

$E[X+Y]=\frac{1}{2}$

2.20 $E[X]=E[Y]=\frac{1}{4}$ であり,X と Y は互いに独立であるから,$E[XY]=\frac{1}{16}$.

2.21 $E[X]=E[Y]=\frac{7}{2}$ であり,X と Y は互いに独立であるから,$E[X+Y]=7$, $E[XY]=\frac{49}{4}$.

2.22 $V[X+Y]=\frac{35}{6}$ $\left(V[X]=V[Y]=\frac{35}{12}\right)$

練習問題 2

[1] (1)

X	0	1	2	計
P	$\frac{3}{10}$	$\frac{6}{10}$	$\frac{1}{10}$	1
XP	0	$\frac{6}{10}$	$\frac{2}{10}$	$\frac{4}{5}$

$E[X]=\frac{4}{5}$

(2)

Y	0	1	2	3	4	5	計
P	$\frac{6}{36}$	$\frac{10}{36}$	$\frac{8}{36}$	$\frac{6}{36}$	$\frac{4}{36}$	$\frac{2}{36}$	1
YP	0	$\frac{10}{36}$	$\frac{16}{36}$	$\frac{18}{36}$	$\frac{16}{36}$	$\frac{10}{36}$	$\frac{35}{18}$

$E[Y]=\frac{35}{18}$.

[2] (1) 0.7408　(2) 0.2337

[3] (1) 0.532　(2) 0.1052

[4] (1) $E[X]=2$, $E[Y]=2$, $E[X+Y]=4$, $E[XY]=4$

(2) $V[X]=\frac{9}{10}$, $V[Y]=\frac{9}{10}$

(3) (1) より $E[XY]=E[X]E[Y]$ が成り立っている.しかし,$P(X=1,\,Y=1)=\frac{1}{5}$, $P(X=1)=P(Y=1)=\frac{9}{20}$ であるから,$P(X=1,\,Y=1)\neq P(X=1)P(Y=1)$ である.よって,X と Y は互いに独立ではない.

(4) (3) より X と Y は独立ではないが,$E[XY]=E[X]E[Y]$ が成り立つので,
$$V[X+Y]=V[X]+V[Y]$$
が成り立っている.したがって,$V[X+Y]=\frac{9}{5}$ である.

[5] X,Y の周辺確率密度関数をそれぞれ $f_1(x)$, $f_2(y)$ とする.

(1) $\int_0^\infty\left\{\int_0^\infty f(x,y)\,dy\right\}dx=\frac{1}{k^2}$ であるから,$\frac{1}{k^2}=1$,よって,$k=1$ である.

$$f_1(x)=\begin{cases} e^{-x} & (x\geq 0)\\ 0 & (x<0)\end{cases}$$

$$f_2(y)=\begin{cases} e^{-y} & (y\geq 0)\\ 0 & (y<0)\end{cases}$$

したがって,$f(x,y)=f_1(x)\cdot f_2(y)$ が成り立つので,X と Y は互いに独立である.

(2) $\int_0^1\left\{\int_0^{1-x}f(x,y)\,dy\right\}dx=\frac{k}{6}$ から,$\frac{k}{6}=1$,よって,$k=6$

$$f_1(x) = \begin{cases} 3(1-x)^2 & (0 \le x \le 1) \\ 0 & (\text{それ以外}) \end{cases}$$

$$f_2(y) = \begin{cases} 3(1-y)^2 & (0 \le y \le 1) \\ 0 & (\text{それ以外}) \end{cases}$$

したがって，$f(x,y) = f_1(x) \cdot f_2(y)$ が成り立たないので，X と Y は互いに独立ではない.

第 1 章の章末問題

1. (1) $P = \dfrac{{}_{365}\mathrm{P}_{40}}{365^{40}}$　　(2) $P = 0.109$

2. 検査 B を受ける人が病気 A を発症している事象を A，検査の結果が陽性である事象を Y とする．求める確率は，ベイズの定理から，

$$P_Y(A) = \frac{P(A)P_A(Y)}{P(A)P_A(Y) + P(\overline{A})P_{\overline{A}}(Y)}$$

$$= \frac{\dfrac{1}{10^4} \cdot \dfrac{99}{100}}{\dfrac{1}{10^4} \cdot \dfrac{99}{100} + \dfrac{9999}{10^4} \cdot \dfrac{1}{100}}$$

$$= \frac{1}{102}$$

> このことから，非常に発症率の低い病気については，高い精度の検査であっても，検査結果の使い方には注意が必要であることがわかる.

3. (1)

X	0	1	2	計
確率	$\dfrac{9}{49}$	$\dfrac{24}{49}$	$\dfrac{16}{49}$	1

$E[X] = \dfrac{8}{7}$, $V[X] = \dfrac{24}{49}$

(2)

Y	2	3	4	計
確率	$\dfrac{16}{49}$	$\dfrac{24}{49}$	$\dfrac{9}{49}$	1

$E[Y] = \dfrac{20}{7}$, $V[Y] = \dfrac{24}{49}$

4.
$$E[X] = \sum_{k=0}^{\infty} k \frac{\lambda^k}{k!} e^{-\lambda}$$

$$= \sum_{k=1}^{\infty} k \frac{\lambda^k}{k!} e^{-\lambda}$$

$$= \sum_{k=1}^{\infty} \lambda e^{-\lambda} \frac{\lambda^{k-1}}{(k-1)!}$$

$$= \lambda e^{-\lambda} \sum_{k=0}^{\infty} \frac{\lambda^k}{k!}$$

$$= \lambda e^{-\lambda} e^{\lambda} = \lambda$$

$$E[X^2] = \sum_{k=0}^{\infty} k^2 \frac{\lambda^k}{k!} e^{-\lambda}$$

$$= \sum_{k=0}^{\infty} \{k(k-1) + k\} \frac{\lambda^k}{k!} e^{-\lambda}$$

$$= \sum_{k=0}^{\infty} k(k-1) \frac{\lambda^k}{k!} e^{-\lambda}$$

$$\quad + \sum_{k=0}^{\infty} k \frac{\lambda^k}{k!} e^{-\lambda}$$

$$= \sum_{k=2}^{\infty} k(k-1) \frac{\lambda^k}{k!} e^{-\lambda} + \lambda$$

$$= \lambda^2 e^{-\lambda} \sum_{k=2}^{\infty} \frac{\lambda^{k-2}}{(k-2)!} + \lambda$$

$$= \lambda^2 e^{-\lambda} \sum_{k=0}^{\infty} \frac{\lambda^k}{k!} + \lambda$$

$$= \lambda^2 + \lambda$$

より，$V[X] = E[X^2] - E[X]^2 = (\lambda^2 + \lambda) - \lambda^2 = \lambda$

5. (1) $x\Phi(x) = \dfrac{1}{\sqrt{2\pi}} x e^{-\frac{x^2}{2}}$ が奇関数であることから，$E[X] = 0$ である．また，$V[X]$
$$= E[X^2] - E[X]^2 = \int_{-\infty}^{\infty} x^2 \Phi(x)\,dx$$

$$= \frac{1}{\sqrt{2\pi}} \int_{-\infty}^{\infty} x^2 e^{-\frac{x^2}{2}}\,dx$$

$$= \frac{2}{\sqrt{2\pi}} \int_{0}^{\infty} x^2 e^{-\frac{x^2}{2}}\,dx \text{ である.}$$

$\left(-e^{-\frac{x^2}{2}} \right)' = x e^{-\frac{1}{2}x^2}$ であることを使って部分積分をすると，

$$\int_{0}^{\infty} x^2 e^{-\frac{x^2}{2}}\,dx = \int_{0}^{\infty} x \cdot x e^{-\frac{x^2}{2}}\,dx$$

$$= \left[x \left(-e^{-\frac{x^2}{2}} \right) \right]_{0}^{\infty} - \int_{0}^{\infty} \left(-e^{-\frac{x^2}{2}} \right)\,dx$$

$$= \int_0^\infty e^{-\frac{x^2}{2}}\, dx = \frac{\sqrt{2\pi}}{2}$$ となる. したがって, $V[X] = 1$ となる.

(2) $E[Z] = 0$, $V[Z] = 1$ より, $E[X] = E[\sigma Z + \mu] = \sigma E[Z] + \mu = \mu$, $V[X] = V[\sigma Z + \mu] = \sigma^2 V[Z] = \sigma^2$

6. (1) この箱に入る不良品の個数 X は, $\lambda = 100 \cdot 0.002 = 0.2$ のポアソン分布に従うと考えられるので, 求める確率は,

$$P(X \geqq 1) = 1 - P(X = 0)$$
$$= 1 - e^{-0.2} \fallingdotseq 0.1813$$

(2) この予防接種で副作用を起こす人数 X は, $\lambda = 800 \cdot 0.001 = 0.8$ のポアソン分布に従うと考えられるので, 求める確率は,

$$P(X \geqq 2) = 1 - \{P(X = 0) + P(X = 1)\}$$
$$= 1 - e^{-0.8}(1 + 0.8) \fallingdotseq 0.1912$$

第2章

第3節の問

3.1

件数[件]	0	1	2	3
度数[日]	3	8	9	5
相対度数	0.100	0.267	0.300	0.167

	4	5	6	合計
	3	1	1	30
	0.100	0.033	0.033	1.000

件数[件]	0 以下	1 以下	2 以下	3 以下
累積度数 [日]	3	11	20	25
累積相対度数	0.100	0.367	0.667	0.833

	4 以下	5 以下	6 以下
	28	29	30
	0.933	0.967	1.000

[日]

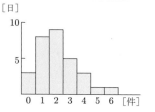

3.2

体重 [kg] の階級	階級値	度数	相対度数	累積度数	累積相対度数
45.0 以上50.0 未満	47.5	1	0.033	1	0.033
50.0 ～ 55.0	52.5	3	0.100	4	0.133
55.0 ～ 60.0	57.5	6	0.200	10	0.333
60.0 ～ 65.0	62.5	7	0.233	17	0.567
65.0 ～ 70.0	67.5	4	0.133	21	0.700
70.0 ～ 75.0	72.5	5	0.167	26	0.867
75.0 ～ 80.0	77.5	2	0.067	28	0.933
80.0 ～ 85.0	82.5	2	0.067	30	1.000
計		30	1.000		

[人]

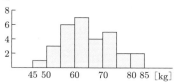

解答例：

- 体重のデータの範囲は, 45.0 kg から 85.0 kg の間にある.
- もっとも度数が大きい階級値は, 62.5 kg である.
- 体重の軽いほうから 15 番目のデータは, 60.0 kg から 65.0 kg の階級にある.
- 70.0kg 以上で全体の 3 割を占めている.

など

3.3 45.7 kg

3.4 （度数分布表）64.7 kg
（直接計算）64.6 kg

3.5 メディアンは 62.5 kg, モードは 62.5 kg

3.6 平均は 69 点, メディアンは 65 点, モードは 75 点

3.7 $v_z = 2$, $\sigma_z \fallingdotseq 1.41$

3.8 $\overline{x} = 64.17$ [g], $v_x \fallingdotseq 4.47$, $\sigma_x \fallingdotseq 2.11$ [g]

3.9 $\overline{x} = \dfrac{385}{6}$

$$\sum_{i=1}^6 x_i^2 = 62^2 + 67^2 + 64^2 + 66^2 + 65^2 + 61^2$$
$$= 24731$$

$$v_x = \frac{24731}{6} - \left(\frac{385}{6}\right)^2 = \frac{161}{36} \fallingdotseq 4.47$$

3.10

得点 (x_i) [点]	0	1	2	3	4	5	合計
試合数 (f_i)	7	9	7	4	2	1	30
$x_i f_i$	0	9	14	12	8	5	48
$x_i^2 f_i$	0	9	28	36	32	25	130

平均 1.6 点，分散 1.8，標準偏差 1.3 点

3.11 (1) $\bar{t} = 50 + 10 \cdot \dfrac{\bar{x} - \bar{x}}{\sigma_x} = 50$ である．

$\sigma_t = \left| \dfrac{10}{\sigma_x} \right| \cdot \sigma_x = 10$ である．

(2) 74 点の学生の偏差値は 55，56 点の学生の偏差値は 40．

3.12 (1) 最小値と最大値はそれぞれ 3, 15 である．9 個のデータを小さい順に左から 1 列に並べると，

$$3, 4, 4, 5, 7, 9, 10, 12, 15$$

であるから，メディアンは 7 である．下位のデータは 3, 4, 4, 5 であるから，第 1 四分位数は $\dfrac{4+4}{2} = 4$ であり，上位のデータは 9, 10, 12, 15 であるから，第 3 四分位数は $\dfrac{10+12}{2} = 11$ である．

(2) 最小値と最大値はそれぞれ 2, 13 である．10 個のデータを小さい順に左から 1 列に並べると，

$$2, 7, 7, 8, 8, 9, 10, 11, 12, 13$$

であるから，メディアンは $\dfrac{8+9}{2} = 8.5$ である．下位のデータは 2, 7, 7, 8, 8 であるから，第 1 四分位数は 7 であり，上位のデータは 9, 10, 11, 12, 13 であるから，第 3 四分位数は 11 である．
箱ひげ図は右図のとおり．

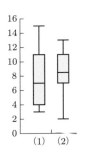

3.13 牛肉の標準偏差は 7364，変動係数は 0.235．ようかんの標準偏差は 348，変動係数は 0.440．

練習問題 3

[1] 平均 2.3，メディアン 2，モード 1

[2] 平均 6.98 秒，分散 0.0856，標準偏差 0.29 秒

[3] (1) 畑 A：平均 146.1 g，メディアン 150 g，モード 150 g，分散 153.8，標準偏差 12.4 g
畑 B：平均 145.1 g，メディアン 140 g，モード 140 g，分散 97.0，標準偏差 9.8 g

(2) 畑 A で収穫されたじゃがいもの重量のほうが平均は大きいが，畑 B で収穫されたじゃがいものほうが分散が小さく，重量がそろっている．

[4] (1) 国語が 54.4，数学が 58.8．

(2) $50 + 10 \cdot \dfrac{x - 65}{8} \geq 60$ を解いて，$x \geq 73$．よって，73 点以上．

[5] (1) 数学の平均点 72.4 点，英語の平均点 72.2 点．箱ひげ図は右図．

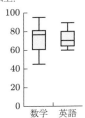

(2) 解答例：平均はほぼ同じであるが，数学のほうが分散が大きい．数学は 75〜80 点のあたりの点数が多く，英語は 65〜70 点あたりに点数が集まっている．など

第 4 節の問

4.1 X と Y は正の相関があるといえる．X と Z は負の相関があるといえる．

4.2

X	Y	X^2	Y^2	XY
10	90	100	8100	900
18	79	324	6241	1422
26	79	676	6241	2054
34	55	1156	3025	1870
42	60	1764	3600	2520
50	55	2500	3025	2750
58	50	3364	2500	2900
66	40	4356	1600	2640
74	25	5476	625	1850
82	10	6724	100	820
計 460	543	26440	35057	19726
平均 46.0	54.3	2644.0	3505.7	1972.6

$r_{xy} = -0.97$

4.3 (1) $y = -0.99x + 100.06$

(2) およそ 16 点と予想できる．

4.4 (1) $r = \dfrac{c_{xy}}{\sigma_x \cdot \sigma_y}$ より,

$$y - \overline{y} = \frac{c_{xy}}{\sigma_x^2}(x - \overline{x})$$
$$= r \cdot \frac{\sigma_y}{\sigma_x}(x - \overline{x})$$

両辺を σ_y で割って, 与えられた式が成り立つ.

(2) 2 つの回帰直線の傾きが一致するためには, $\dfrac{\sigma_y^2}{c_{xy}} = \dfrac{c_{xy}}{\sigma_x^2}$, すなわち, $\sigma_x^2\sigma_y^2 = (c_{xy})^2$ が成り立たなければならない. ゆえに, 相関係数 $r = \pm 1$ のときに限る.

4.5 $y = 0.57x_1 - 1.06x_2$

4.6 $R^2 = 0.9833 \cdots \fallingdotseq 0.98$

練習問題 4

[1] (1) $u_i = x_i - \alpha, v_i = y_i - \beta, \overline{u} = \overline{x} - \alpha, \overline{v} = \overline{y} - \beta$ であることから,

$$c_{uv} = \frac{1}{n}\sum_{i=1}^{n}(u_i - \overline{u})(v_i - \overline{v})$$
$$= \frac{1}{n}\sum_{i=1}^{n}\{(x_i - \alpha) - (\overline{x} - \alpha)\}$$
$$\times \{(y_i - \beta) - (\overline{y_i} - \beta)\}$$
$$= \frac{1}{n}\sum_{i=1}^{n}(x_i - \overline{x})(y_i - \overline{y}) = c_{xy}$$

となる.

$\sigma_u = \sigma_x, \sigma_v = \sigma_y$ であることから,

$$r_{uv} = \frac{c_{uv}}{\sigma_u \cdot \sigma_v} = \frac{c_{xy}}{\sigma_x \cdot \sigma_y} = r_{xy}$$

(2) U, V の表を作る.

U	3	−5	0	−2	−7	2	1	−8
V	8	2	−2	−1	−10	1	3	1

$n = 7$, $\sum u_i = -8$, $\sum v_i = 1$, $\sum u_i^2 = 92$, $\sum v_i^2 = 183$, $\sum u_i v_i = 91$ であるから, $\overline{u} = -1.14$, $\overline{v} = 0.143$, $\sigma_u^2 = 11.84$, $\sigma_v^2 = 26.12$, $c_{uv} = 13.16$ である.

V の U への回帰直線は, 傾きが $\dfrac{13.16}{11.84} \fallingdotseq 1.11$ より, $v = 1.11(u + 1.14) + 0.143$ から, $v = 1.11u + 1.41$ となる.

したがって, Y の X への回帰直線は, $u =$

$x - 170, v = y - 70$ を代入することにより, $y = 1.11x - 117.29$ となる.

[2] (1) $y = kt + \log A$

(2) $A \fallingdotseq 20.1$, $k \fallingdotseq 0.423$

(3) $x = 20.1e^{0.423 \cdot 5} \fallingdotseq 167$

[3] (1) $\overline{x} = 62.1$, $\overline{z} = 68.4$, $\overline{x \cdot z} = 4568.3$ より, $c_{xz} = 320.66$ である. したがって, $r_{xz} = \dfrac{320.66}{\sqrt{426.49} \cdot \sqrt{325.04}} = 0.86123 \cdots \fallingdotseq 0.86$

(2) $z = 0.752x + 21.7$

(3) $\begin{pmatrix} a \\ b \end{pmatrix} = \begin{pmatrix} 426.49 & -15.44 \\ -15.44 & 228.44 \end{pmatrix}^{-1} \begin{pmatrix} 320.66 \\ -31.06 \end{pmatrix}$

$\fallingdotseq \begin{pmatrix} 0.749 \\ -0.085 \end{pmatrix}$

$c \fallingdotseq 68.4 - 0.749 \cdot 62.1 - (-0.085) \cdot 63.4 \fallingdotseq 27.3$ より, $z = 0.749x - 0.085y + 27.3$

第 2 章の章末問題

1. (1)

階級 [秒]	階級値 [秒]	度数 [人]
95 以上 100 未満	97.5	4
100 〜 105	102.5	4
105 〜 110	107.5	2
110 〜 115	112.5	6
115 〜 120	117.5	5
120 〜 125	122.5	4
125 〜 130	127.5	4
130 〜 135	132.5	4
135 〜 140	137.5	3
140 〜 145	142.5	4
合計		40

(2) 平均 $\dfrac{4790}{40} = 119.75$ [秒],

分散 $\dfrac{581350}{40} - \left(\dfrac{4790}{40}\right)^2 \fallingdotseq 193.69$

(3)

階級 [秒]	階級値 [秒]	度数 [人]
95 以上 105 未満	100	8
105 〜 115	110	8
115 〜 125	120	9
125 〜 135	130	8
135 〜 145	140	7
合計		40

(4) 平均 $\dfrac{4780}{40} = 119$ ［秒］,

　　分散 $\dfrac{578800}{40} - \left(\dfrac{4780}{40}\right)^2 = 189.75$

2. 連立方程式 $\begin{cases} 62a + b = 50 \\ 12a^2 = 3 \end{cases}$ を解いて,

$(a, b) = \left(\dfrac{1}{2}, 19\right), \left(-\dfrac{1}{2}, 81\right)$ となる.

3. (1)

z	3.9	4.6	5.3	6.9	7.6
y	13.1	14.5	16.0	19.4	20.8

(2) $y = 2.10z + 4.87$

(3) $x = 5000$ のとき $z \fallingdotseq 8.52$ より,
$y = 2.10 \cdot 8.52 + 4.87 \fallingdotseq 22.76$.

4. (1) $\sigma_{x_1}^2 = 4.5705,\ \sigma_{x_2}^2 = 84.81,\ c_{x_1 x_2} = 3.755,\ c_{x_1 y} = 18.275,\ c_{x_2 y} = 40.55$ より, $a_1 = 3.7417\cdots \fallingdotseq 3.74,\ a_2 = 0.3124\cdots \fallingdotseq 0.31$. また, $b \fallingdotseq 46.5 - 3.74 \cdot 27.45 - 0.31 \cdot 57.3 = -73.93$. したがって, $y = 3.74x_1 + 0.31x_2 - 73.93$

(2) $c_{y\hat{y}} = 78.55,\ \sigma_y^2 = 87.05,\ \sigma_{\hat{y}}^2 = 76.45$ より,

$$R_{y\hat{y}} = \dfrac{78.55}{\sqrt{87.05} \cdot \sqrt{76.45}} = 0.9628\cdots$$
$$\fallingdotseq 0.96$$

また, $R^2 = 0.92714\cdots \fallingdotseq 0.93$

第3章

第5節の問

5.1 $E[\overline{X}] = \dfrac{3}{2},\ V[\overline{X}] = \dfrac{3}{80}$

5.2 $E[S^2] = \dfrac{57}{80},\ E[U^2] = \dfrac{3}{4}$

5.3 (1) 正規分布 $N(35.2, 1^2)$
(2) 17 個

5.4 (1) 0.0808　　(2) 0.9861
(3) 0.8185

5.5 $P(\overline{X} \geqq 100) = P\left(Z \geqq \dfrac{100 - 105}{\sqrt{12^2/40}}\right)$
$\fallingdotseq P(Z \geqq -2.64)$
$= 0.99585$

5.6 $E[\widehat{P}] = 0.05,\ \sigma[\widehat{P}] = 0.022$
$P(X \geqq 4) = 0.6772$

5.7 (1) 3.940　　(2) 16.01　　(3) 7.015

5.8 (1) 0.025　　(2) 0.89

5.9 $k \fallingdotseq 13.11$
$\left(\dfrac{25S^2}{9}\ \text{は自由度}\ 24\ \text{の}\ \chi^2\ \text{分布に従う}\right)$

5.10 (1) 1.812　　(2) 3.012　　(3) 2.539

5.11 (1) 0.05　　(2) 0.99　　(3) 0.97

練習問題5

[1] (1)

X	1	2	3	4	計
P	$\dfrac{4}{10}$	$\dfrac{3}{10}$	$\dfrac{2}{10}$	$\dfrac{1}{10}$	1

$E[X] = 2,\ \sigma[X] = 1$

(2) $E[\overline{X}] = 2,\ \sigma[\overline{X}] = \dfrac{1}{2}$

[2] $\alpha = 1$

$\left[\begin{array}{l} 2401 = 49^2\ \text{より},\ Z = \dfrac{\overline{X} - 320}{25/49}\ \text{とお} \\ \text{くと},\ P(320 - \alpha \leqq \overline{X} \leqq 320 + \alpha) = \\ P\left(-\dfrac{\alpha}{25/49} \leqq Z \leqq \dfrac{\alpha}{25/49}\right)\ \text{である.} \end{array}\right.$

[3] (1) 平均 $\dfrac{7}{2}$, 分散 $\dfrac{7}{144}$　　(2) 0.0116

[4] $P(249 \leqq \overline{X} \leqq 251) \fallingdotseq P(-1.41 \leqq Z \leqq 1.41) = 0.8414$

[5] でたらめに答えて正解となる問題数を X とすると, X は二項分布 $B\left(90, \dfrac{1}{3}\right)$ に従い, $E[X] = 90 \cdot \dfrac{1}{3} = 30,\ V[X] = 90 \cdot \dfrac{1}{3} \cdot \dfrac{2}{3} = 20$ である. $n = 90$ は十分に大きいので, X は近似的に正規分布 $N(30, 20)$ に従うとしてよい. したがって, 求める確率は,

$$P(X \geqq 40) \fallingdotseq P\left(Z \geqq \dfrac{40 - 30}{\sqrt{20}}\right)$$
$$\fallingdotseq P(Z \geqq 2.24)$$
$$= P(Z \geqq 0) - P(0 \leqq Z \leqq 2.24)$$
$$= 0.5 - 0.4875 = 0.0125$$

[6] X を $Z = \dfrac{X - 5}{3}$ によって標準化する と, Z は標準正規分布 $N(0, 1)$ に従い,

$$\dfrac{2X - 10}{3\sqrt{Y}} = \dfrac{2Z}{\sqrt{Y}} = \dfrac{Z}{\sqrt{\dfrac{Y}{4}}}$$

となる. したがって, $\dfrac{2X - 10}{3\sqrt{Y}}$ は自由度 4

の t 分布に従う.

[7]　$X = \dfrac{18S^2}{16}$ とおくと, X は自由度 17 の χ^2 分布に従うので,

$$P(S^2 > 29.7) = P\left(X > \frac{18 \times 29.7}{16}\right)$$
$$\fallingdotseq P(X > 33.41)$$

$\chi^2{}_{17}(\alpha) = 33.41$ となるのは $\alpha = 0.010$ のときであるから, 求める確率は 0.01 となる.

第 6 節の問

6.1　μ の推定値は 31.77, σ^2 の推定値は 43.30

6.2　(1) $167.6 \leqq \mu \leqq 168.8$　　(2) 545 人

6.3　標本分散 $s^2 = 9.1$ であるから, 不偏分散は $u^2 = \dfrac{8}{7} \cdot 9.1 = 10.4$ である.

95% 信頼区間は $5.1 \leqq \mu \leqq 10.5$,
99% 信頼区間は $3.8 \leqq \mu \leqq 11.8$

6.4　(1) $0.107 \leqq p \leqq 0.141$

(2) 7374 人以上. 母比率が推定できるときは 3115 人以上.

6.5　$0.0053 \leqq \sigma^2 \leqq 0.0271$

練習問題 6

[1]　(1) μ と σ^2 の不偏推定量は, それぞれ標本平均 $\overline{X}$ と不偏分散 U^2 であるから,

$$\overline{x} = \frac{1}{15} \sum_{i=1}^{15} x_i = \frac{90}{15} = 6$$

$$u^2 = \frac{15}{14}\left(\frac{1}{15}\sum_{i=1}^{15} x_i{}^2 - \overline{x}^2\right)$$
$$= \frac{15}{14}\left(\frac{1758}{15} - 6^2\right) = 87$$

(2) μ の 95% 信頼区間は, $t_{14}(0.05) = 2.145$ から,

$$6 - 2.145\sqrt{\frac{87}{15}} \leqq \mu \leqq 6 + 2.145\sqrt{\frac{87}{15}}$$

よって, 信頼下界は小数第 2 位を切り捨て, 信頼上界は小数第 2 位を切り上げて, $0.8 \leqq \mu \leqq 11.2$ となる.
σ^2 の 95% 信頼区間は, $\chi^2{}_{14}(0.025) = 26.12$,

$\chi^2{}_{14}(0.975) = 5.629$ から,

$$\frac{14 \cdot 87}{26.12} \leqq \sigma^2 \leqq \frac{14 \cdot 87}{5.629}$$

よって, 信頼下界は小数第 2 位を切り捨て, 信頼上界は小数第 2 位を切り上げて, $46.6 \leqq \sigma^2 \leqq 216.4$ となる.

[2]　母分散が既知の場合である.
95% 信頼区間は $58.3 \leqq \mu \leqq 62.3$,
99% 信頼区間は $57.7 \leqq \mu \leqq 62.9$

[3]　$\overline{x} = 6.95$, $u^2 = 0.047$, $t_5(0.05) = 2.571$, $t_5(0.01) = 4.032$
95% 信頼区間は $6.7 \leqq \mu \leqq 7.2$,
99% 信頼区間は $6.5 \leqq \mu \leqq 7.4$

[4]　$\overline{x} = 69$, $s^2 = 90.4$, $u^2 \fallingdotseq 100.4$, $u \fallingdotseq 10.02$

(1) $t_9(0.05) = 2.262$ より, $61.8 \leqq \mu \leqq 76.2$.

(2) $\chi^2{}_9(0.05) = 16.92$, $\chi^2{}_9(0.95) = 3.325$ より, $53.4 \leqq \sigma^2 \leqq 271.9$.

(3) 母分散が既知の場合である. $62.6 \leqq \mu \leqq 75.4$.

[5]　$\hat{p} = \dfrac{114}{300} = 0.38$, $1 - \hat{p} = 0.62$

(1) $0.325 \leqq p \leqq 0.435$

(2) 4300 人以上に調査をする必要がある.

第 7 節の問

7.1　母平均を μ とおく. $H_0 : \mu = 10$, $H_1 : \mu \neq 10$ に対して両側検定を行う. 棄却域は $z \leqq -1.960$, $1.960 \leqq z$ である. $z = \dfrac{10.06 - 10}{0.1/\sqrt{9}} = 1.8$ より, H_0 は棄却されない. よって, この機械は正常に動いていないとはいえない.

7.2　$H_0 : \mu = 10$, $H_1 : \mu < 10$ に対して左側検定を行う. 棄却域は $z \leqq -1.645$ である. $z = -1.58\cdots$ より, H_0 は棄却されない. よって, 円盤の直径は小さくなったとはいえない.

7.3　t 検定を行う. $H_0 : \mu = 3$, $H_1 : \mu \neq 3$ とおく. 検定統計量は $T = \dfrac{\overline{X} - 3}{U/\sqrt{10}}$ であり, 両側検定を行う. 棄却域は $t \leqq -2.262$, $2.262 \leqq t$ である. $\overline{x} = 2.99$, $u \fallingdotseq 0.644$ より, T の実現値は $t = \dfrac{2.99 - 3}{0.644/\sqrt{10}} \fallingdotseq$

−0.049. この値は，棄却域に含まれないので H_0 は棄却されない．したがって，有意水準 5% では表示は正しくないとはいえない．

7.4 H_0 と H_1 を，例題 7.4 と同様に設定する．有意水準 1% では，棄却域は $z \geq 2.326$ である．このとき Z の実現値 $z \fallingdotseq 1.70$ は棄却域に含まれないので，H_0 は棄却されない．よって有意水準 1% では，宿泊客は普段よりも多かったとはいえない．

7.5 帰無仮説を $H_0 : \sigma^2 = (4.0)^2$，対立仮説を $H_1 : \sigma^2 < (4.0)^2$ とする．標本分散 S^2 に対して，$\chi^2 = \dfrac{15S^2}{(4.0)^2}$ を検定統計量として左側検定を行う．棄却域は $\chi^2 \leq \chi^2_{14}(0.99) = 4.66$ である．χ^2 の実現値は $\chi^2 = 8.4375$ であることから，H_0 は棄却されない．したがって，有意水準 1% では耐久度のばらつきが小さくなったとはいえない．

練習問題 7

[1] (1) 第 1 種の誤りは，$p = \dfrac{1}{2}$ であるにもかかわらず，3 回続けて表が出るか 3 回続けて裏が出て，H_0 を棄却する誤りである．この確率は

$$\left(\frac{1}{2}\right)^3 + \left(\frac{1}{2}\right)^3 = \frac{1}{4}$$

(2) 第 2 種の誤りは，$p \neq \dfrac{1}{2}$ であるにもかかわらず，3 回続けて表が出ることも 3 回続けて裏が出ることもなく，H_0 を棄却しない誤りである．この確率は

$$1 - p^3 - (1-p)^3 = 3p(1-p)$$

(3) (2) の結果から，p が満たす条件は，$3p(1-p) < \dfrac{1}{3}$ かつ $p \neq \dfrac{1}{2}$ である．これを解いて，$0 < p < \dfrac{3 - \sqrt{5}}{6}$ または $\dfrac{3 + \sqrt{5}}{6} < p < 1$ である．

[2] $H_0 : \mu = 10.0$, $H_1 : \mu \neq 10.0$ として両側検定を行う．棄却域は $z \leq -1.960$, $1.960 \leq z$ である．Z の実現値は，$z = \dfrac{9.8 - 10}{\sqrt{0.4/30}} = -1.732\cdots$ となるので，H_0 は棄却されない．したがって，有意水準 5% ではボルトの直径は 10.0 mm でないとはいえない．

[3] それぞれ，$H_0 : \mu = 500$, $H_1 : \mu < 500$ で左側検定を行う．

(1) 母分散が既知（$\sigma^2 = 15$）の場合である．棄却域は $z \leq -1.645$ である．Z の実現値は $z = \dfrac{499 - 500}{\sqrt{15}/\sqrt{50}} = -1.825\cdots$.

よって，H_0 は棄却される．したがって，有意水準 5% ではペットボトルの内容量は 500 mL に足りないといえる．

(2) 母分散が未知の場合である．t 検定を行う．棄却域は $t \leq -t_{24}(0.1) = -1.711$ である．T の実現値は，$t = \dfrac{498.8 - 500}{\sqrt{3.5^2/25}} = -1.714\cdots$. よって，$H_0$ は棄却される．したがって，有意水準 5% ではペットボトルの内容量は 500 mL に足りないといえる．

[4] $H_0 : p = 0.1$, $H_1 : p > 0.1$ とおく．右側検定を行うので棄却域は $z > 1.645$ である．Z の実現値は，$z = \dfrac{62/500 - 0.1}{\sqrt{0.1(1 - 0.1)/500}} = 1.788\cdots$ となるので，H_0 は棄却される．したがって，有意水準 5% ではこのテレビ番組の視聴率は上昇したといえる．

[5] $H_0 : \sigma^2 = 0.2$, $H_1 : \sigma^2 < 0.2$ として，左側検定を行う．棄却域は，$\chi^2_{24}(0.95) = 13.85$ より，$\chi^2 \leq 13.85$ である．χ^2 の実現値は，$\chi^2 = \dfrac{25 \cdot 0.1}{0.2} = 12.5$ となるので，H_0 は棄却される．したがって，有意水準 5% ではねじの直径の分散は小さくなったといえる．

第 3 章の章末問題

1. (1) 数学と物理の成績をそれぞれ X_1, X_2 とすると，$\overline{X} = \dfrac{1}{2}(X_1 + X_2)$ である．正規分布の再生性により，$\overline{X}$ は平均が $\dfrac{1}{2}(60 + 55) = 55$ で，分散が $\left(\dfrac{1}{2}\right)^2 \cdot 15^2 + \left(\dfrac{1}{2}\right)^2 \cdot 25^2 = \dfrac{34 \cdot 5^2}{2^2} = \dfrac{425}{2}$ の正規分布，すなわち $N\left(55, \dfrac{425}{2}\right)$ に従う．

(2) $\overline{X}$ を $Z = \dfrac{\overline{X} - 55}{5\sqrt{34}/2}$ によって標準化すると，

$$P(\overline{X} < 35) = P\left(Z < \frac{35-55}{5\sqrt{34}/2}\right)$$
$$\fallingdotseq P(Z < -1.37)$$
$$= P(Z > 1.37)$$
$$= P(Z \geqq 0) - P(0 \leqq Z \leqq 1.37)$$
$$= 0.5 - 0.4147 = 0.0853$$

$0.0853 \cdot 200 = 17.06$ であるから，求める人数はおよそ 17 名であると考えられる．

2. 100 個のデータは十分に大きいので，標本平均 $\overline{X}$ は近似的に正規分布 $N\left(100.2, \dfrac{1.2^2}{100}\right)$ に従うと考える．$\overline{X}$ を $Z = \dfrac{\overline{X} - 100.2}{1.2/10}$ によって標準化すると，

$$P(100.0 \leqq \overline{X} \leqq 100.5)$$
$$= P\left(\frac{100.0-100.2}{1.2/10} \leqq Z \leqq \frac{100.5-100.2}{1.2/10}\right)$$
$$\fallingdotseq P(-1.67 \leqq Z \leqq 2.5)$$
$$= P(-1.67 \leqq Z < 0) + P(0 \leqq Z \leqq 2.5)$$
$$= P(0 \leqq Z \leqq 1.67) + P(0 \leqq Z \leqq 2.5)$$
$$= 0.4525 + 0.49379 = 0.94629$$

3. 母分散を σ^2 とし，$X = \dfrac{10S^2}{\sigma^2}$ とおくと，X は自由度 9 の χ^2 分布に従う．χ^2 分布表から，$P(X > \alpha) = 0.05$ となる α を求めると，$\alpha = 16.92$ である．したがって，$\dfrac{300}{\sigma^2} = 16.92$ から $\sigma^2 = \dfrac{300}{16.92} = 17.730\cdots \fallingdotseq 17.7$ となる．

4. 母分散が未知で標本数が少ないので，t 分布を使う．$t_{15}(0.05) = 2.131$ であるから，求める信頼区間は

$$151.8 - 2.131 \cdot \frac{12.6}{\sqrt{15}} \leqq \mu$$
$$\leqq 151.8 + 2.131 \cdot \frac{12.6}{\sqrt{15}}$$

よって，信頼下界は小数第 2 位を切り捨て，信頼上界は小数第 2 位を切り上げて，$144.8 \leqq \mu \leqq 158.8$ となる．

5. (1) $0 \leqq \hat{p} \leqq 1$ を満たすすべての $\hat{p}$ について，$2 \cdot 1.960 \cdot \sqrt{\dfrac{\hat{p}(1-\hat{p})}{n}} \leqq 0.04$ を満たす自然数 n の最小値を求める．$\hat{p}(1-\hat{p}) \leqq \dfrac{1}{4}$

であるから，$1.960 \cdot \sqrt{\dfrac{1}{4n}} \leqq 0.02$ となる．よって，$n \geqq \left(\dfrac{1.960}{0.02}\right)^2 \cdot \dfrac{1}{4} = 2401$ であるから，2401 世帯以上を調査する必要がある．

(2) (1) と同様にして，$2.576 \cdot \sqrt{\dfrac{0.11 \cdot 0.89}{n}} \leqq 0.03$ を満たす自然数 n の最小値を求める．よって，$n \geqq \left(\dfrac{2.576}{0.03}\right)^2 \cdot 0.11 \cdot 0.89 \fallingdotseq 721.8$ であるから，722 世帯以上を調査する必要がある．

6. 表が出る確率を p として，帰無仮説は $\mathrm{H}_0 : p = \dfrac{1}{2}$ である．

(1) コインを 5 回投げて，表が出る回数を X とすると，X は二項分布 $B\left(5, \dfrac{1}{2}\right)$ に従う．

$$P(X \leqq 0) = {}_5\mathrm{C}_0 \left(\frac{1}{2}\right)^5$$
$$= \frac{1}{32} = 0.03125 < 0.05,$$
$$P(X \leqq 1) = {}_5\mathrm{C}_0 \left(\frac{1}{2}\right)^5 + {}_5\mathrm{C}_1 \left(\frac{1}{2}\right)^5$$
$$= \frac{6}{32} \fallingdotseq 0.1875 > 0.05$$

であるから，棄却域は $X \leqq 0$ である．したがって，帰無仮説は棄却されず，表が出にくいとはいえない．

(2) コインを n 回投げて，表が出る回数を X とすると，X は二項分布 $B\left(n, \dfrac{1}{2}\right)$ に従う．

$$P(X \leqq 1) = {}_n\mathrm{C}_0 \left(\frac{1}{2}\right)^n + {}_n\mathrm{C}_1 \left(\frac{1}{2}\right)^n$$
$$= \frac{n+1}{2^n}$$

であるから，$X = 1$ が棄却域に入るのは，$\dfrac{n+1}{2^n} < 0.05$ を満たすときである．これを簡単にすると，$5(n+1) < 2^{n-2}$ であり，この不等式を満たす最小の n の値は 8 である．

付録 A

A1 の問
A1.1 (1) 6.04　　(2) 2.60　　(3) 0.379

A2 の問
A2.1 銘柄 A, B の 1 本あたりのニコチン含有量を μ_1, μ_2 として，次のように仮説を設定する．

$$H_0 : \mu_1 = \mu_2, \quad H_1 : \mu_1 \neq \mu_2$$

銘柄 A, B それぞれの標本平均を $\overline{X}$, $\overline{Y}$ とする．

$$Z = \frac{\overline{X} - \overline{Y}}{\sqrt{0.23^2/59 + 0.21^2/49}}$$

を検定統計量として両側検定を行う．棄却域は $z \leq -2.576$ または $2.576 \leq z$ となる．検定統計量 Z の実現値 z は

$$z = \frac{5.5 - 5.4}{\sqrt{0.23^2/59 + 0.21^2/49}} = 2.359\cdots$$

となるので，H_0 は棄却されない．したがって，有意水準 1% では，2 つの銘柄の 1 本あたりのニコチン含有量に差があるとはいえない．

A2.2 養鶏場 A, B の卵の重さの母分散をそれぞれ σ_1^2, σ_2^2 とし，次のように仮説を設定する．

$$H_0 : \sigma_1^2 = \sigma_2^2, \quad H_1 : \sigma_1^2 \neq \sigma_2^2$$

このとき，養鶏場 A, B の標本の不偏分散をそれぞれ U_1^2, U_2^2 とおくと，その実現値 u_1^2, u_2^2 は $u_1^2 = \frac{13}{12}s_1^2 \fallingdotseq 33.01$, $u_2^2 = \frac{16}{15}s_2^2 \fallingdotseq 41.93$ となる．よって，検定統計量 F を $F = \frac{U_2^2}{U_1^2}$ とおく．H_0 が正しいとすると，F は自由度 $(15, 12)$ の F 分布に従う．$F_{15,12}(0.025) = 3.18$ であるから，棄却域は $f \geq 3.18$ となる．統計量 F の実現値は，

$f = \frac{41.93}{33.01} \fallingdotseq 1.27$ となるので，H_0 は棄却されない．したがって，有意水準 5% では，2 つの養鶏場から出荷される卵の重さの母分散は異なるとはいえない．

A2.3 帰無仮説を H_0：「黄：紫：白 $= 1 : 2 : 3$」として検定する．ここで，有意水準 5% に対しての棄却域は $X \geq 5.991$ である．X の実現値は

$$x = \frac{(102 - 104)^2}{104} + \frac{(201 - 208)^2}{208} + \frac{(321 - 312)^2}{312}$$
$$= \frac{333}{624} = 0.53\cdots$$

となるので，H_0 は棄却されない．したがって，有意水準 5% では黄：紫：白 $= 1 : 2 : 3$ でないとはいえない．

A2.4 期待度数は次の表のようになる．

	5000 円未満	5000 円以上 10000 円未満	10000 円以上	計 [人]
男子	12	18	6	36
女子	24	36	12	72
計 [人]	36	54	18	108

χ^2 分布の自由度は $(2 - 1)(3 - 1) = 2$ である．$\chi^2{}_2(0.05) = 5.991$ より，棄却域は $x \geq 5.991$ となる．X の実現値は

$$x = \frac{(13 - 12)^2}{12} + \frac{(15 - 18)^2}{18} + \frac{(8 - 6)^2}{6} + \frac{(23 - 24)^2}{24} + \frac{(39 - 36)^2}{36} + \frac{(10 - 12)^2}{12}$$
$$= 1.875\cdots$$

となるので，H_0 は棄却されない．したがって，有意水準 5% では性別と洋服代は独立でないとはいえない．

付表1　標準正規分布表

$$P(0 \le Z \le z) = \frac{1}{\sqrt{2\pi}} \int_0^z e^{-\frac{x^2}{2}} dx \text{ の値}$$

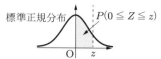

z	0.00	0.01	0.02	0.03	0.04	0.05	0.06	0.07	0.08	0.09
0.0	0.0000	0.0040	0.0080	0.0120	0.0160	0.0199	0.0239	0.0279	0.0319	0.0359
0.1	0.0398	0.0438	0.0478	0.0517	0.0557	0.0596	0.0636	0.0675	0.0714	0.0753
0.2	0.0793	0.0832	0.0871	0.0910	0.0948	0.0987	0.1026	0.1064	0.1103	0.1141
0.3	0.1179	0.1217	0.1255	0.1293	0.1331	0.1368	0.1406	0.1443	0.1480	0.1517
0.4	0.1554	0.1591	0.1628	0.1664	0.1700	0.1736	0.1772	0.1808	0.1844	0.1879
0.5	0.1915	0.1950	0.1985	0.2019	0.2054	0.2088	0.2123	0.2157	0.2190	0.2224
0.6	0.2257	0.2291	0.2324	0.2357	0.2389	0.2422	0.2454	0.2486	0.2517	0.2549
0.7	0.2580	0.2611	0.2642	0.2673	0.2704	0.2734	0.2764	0.2794	0.2823	0.2852
0.8	0.2881	0.2910	0.2939	0.2967	0.2995	0.3023	0.3051	0.3078	0.3106	0.3133
0.9	0.3159	0.3186	0.3212	0.3238	0.3264	0.3289	0.3315	0.3340	0.3365	0.3389
1.0	0.3413	0.3438	0.3461	0.3485	0.3508	0.3531	0.3554	0.3577	0.3599	0.3621
1.1	0.3643	0.3665	0.3686	0.3708	0.3729	0.3749	0.3770	0.3790	0.3810	0.3830
1.2	0.3849	0.3869	0.3888	0.3907	0.3925	0.3944	0.3962	0.3980	0.3997	0.4015
1.3	0.4032	0.4049	0.4066	0.4082	0.4099	0.4115	0.4131	0.4147	0.4162	0.4177
1.4	0.4192	0.4207	0.4222	0.4236	0.4251	0.4265	0.4279	0.4292	0.4306	0.4319
1.5	0.4332	0.4345	0.4357	0.4370	0.4382	0.4394	0.4406	0.4418	0.4429	0.4441
1.6	0.4452	0.4463	0.4474	0.4484	0.4495	0.4505	0.4515	0.4525	0.4535	0.4545
1.7	0.4554	0.4564	0.4573	0.4582	0.4591	0.4599	0.4608	0.4616	0.4625	0.4633
1.8	0.4641	0.4649	0.4656	0.4664	0.4671	0.4678	0.4686	0.4693	0.4699	0.4706
1.9	0.4713	0.4719	0.4726	0.4732	0.4738	0.4744	0.4750	0.4756	0.4761	0.4767
2.0	0.4772	0.4778	0.4783	0.4788	0.4793	0.4798	0.4803	0.4808	0.4812	0.4817
2.1	0.4821	0.4826	0.4830	0.4834	0.4838	0.4842	0.4846	0.4850	0.4854	0.4857
2.2	0.4861	0.4864	0.4868	0.4871	0.4875	0.4878	0.4881	0.4884	0.4887	0.4890
2.3	0.4893	0.4896	0.4898	0.4901	0.4904	0.4906	0.4909	0.4911	0.4913	0.4916
2.4	0.4918	0.4920	0.4922	0.4925	0.4927	0.4929	0.4931	0.4932	0.4934	0.4936
2.5	0.49379	0.49396	0.49413	0.49430	0.49446	0.49461	0.49477	0.49492	0.49506	0.49520
2.6	0.49534	0.49547	0.49560	0.49573	0.49585	0.49598	0.49609	0.49621	0.49632	0.49643
2.7	0.49653	0.49664	0.49674	0.49683	0.49693	0.49702	0.49711	0.49720	0.49728	0.49736
2.8	0.49744	0.49752	0.49760	0.49767	0.49774	0.49781	0.49788	0.49795	0.49801	0.49807
2.9	0.49813	0.49819	0.49825	0.49831	0.49836	0.49841	0.49846	0.49851	0.49856	0.49861
3.0	0.49865	0.49869	0.49874	0.49878	0.49882	0.49886	0.49889	0.49893	0.49896	0.49900

付表2　標準正規分布の逆分布表

$$P(0 \leq Z \leq z) = \frac{1}{\sqrt{2\pi}} \int_0^z e^{-\frac{x^2}{2}} dx = \alpha \text{ となる } z \text{ の値}$$

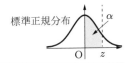

標準正規分布

α	0.000	0.001	0.002	0.003	0.004	0.005	0.006	0.007	0.008	0.009
0.00	0.0000	0.0025	0.0050	0.0075	0.0100	0.0125	0.0150	0.0175	0.0201	0.0226
0.01	0.0251	0.0276	0.0301	0.0326	0.0351	0.0376	0.0401	0.0426	0.0451	0.0476
0.02	0.0502	0.0527	0.0552	0.0577	0.0602	0.0627	0.0652	0.0677	0.0702	0.0728
0.03	0.0753	0.0778	0.0803	0.0828	0.0853	0.0878	0.0904	0.0929	0.0954	0.0979
0.04	0.1004	0.1030	0.1055	0.1080	0.1105	0.1130	0.1156	0.1181	0.1206	0.1231
0.05	0.1257	0.1282	0.1307	0.1332	0.1358	0.1383	0.1408	0.1434	0.1459	0.1484
0.06	0.1510	0.1535	0.1560	0.1586	0.1611	0.1637	0.1662	0.1687	0.1713	0.1738
0.07	0.1764	0.1789	0.1815	0.1840	0.1866	0.1891	0.1917	0.1942	0.1968	0.1993
0.08	0.2019	0.2045	0.2070	0.2096	0.2121	0.2147	0.2173	0.2198	0.2224	0.2250
0.09	0.2275	0.2301	0.2327	0.2353	0.2378	0.2404	0.2430	0.2456	0.2482	0.2508
0.10	0.2533	0.2559	0.2585	0.2611	0.2637	0.2663	0.2689	0.2715	0.2741	0.2767
0.11	0.2793	0.2819	0.2845	0.2871	0.2898	0.2924	0.2950	0.2976	0.3002	0.3029
0.12	0.3055	0.3081	0.3107	0.3134	0.3160	0.3186	0.3213	0.3239	0.3266	0.3292
0.13	0.3319	0.3345	0.3372	0.3398	0.3425	0.3451	0.3478	0.3505	0.3531	0.3558
0.14	0.3585	0.3611	0.3638	0.3665	0.3692	0.3719	0.3745	0.3772	0.3799	0.3826
0.15	0.3853	0.3880	0.3907	0.3934	0.3961	0.3989	0.4016	0.4043	0.4070	0.4097
0.16	0.4125	0.4152	0.4179	0.4207	0.4234	0.4261	0.4289	0.4316	0.4344	0.4372
0.17	0.4399	0.4427	0.4454	0.4482	0.4510	0.4538	0.4565	0.4593	0.4621	0.4649
0.18	0.4677	0.4705	0.4733	0.4761	0.4789	0.4817	0.4845	0.4874	0.4902	0.4930
0.19	0.4959	0.4987	0.5015	0.5044	0.5072	0.5101	0.5129	0.5158	0.5187	0.5215
0.20	0.5244	0.5273	0.5302	0.5330	0.5359	0.5388	0.5417	0.5446	0.5476	0.5505
0.21	0.5534	0.5563	0.5592	0.5622	0.5651	0.5681	0.5710	0.5740	0.5769	0.5799
0.22	0.5828	0.5858	0.5888	0.5918	0.5948	0.5978	0.6008	0.6038	0.6068	0.6098
0.23	0.6128	0.6158	0.6189	0.6219	0.6250	0.6280	0.6311	0.6341	0.6372	0.6403
0.24	0.6433	0.6464	0.6495	0.6526	0.6557	0.6588	0.6620	0.6651	0.6682	0.6713
0.25	0.6745	0.6776	0.6808	0.6840	0.6871	0.6903	0.6935	0.6967	0.6999	0.7031
0.26	0.7063	0.7095	0.7128	0.7160	0.7192	0.7225	0.7257	0.7290	0.7323	0.7356
0.27	0.7388	0.7421	0.7454	0.7488	0.7521	0.7554	0.7588	0.7621	0.7655	0.7688
0.28	0.7722	0.7756	0.7790	0.7824	0.7858	0.7892	0.7926	0.7961	0.7995	0.8030
0.29	0.8064	0.8099	0.8134	0.8169	0.8204	0.8239	0.8274	0.8310	0.8345	0.8381
0.30	0.8416	0.8452	0.8488	0.8524	0.8560	0.8596	0.8633	0.8669	0.8705	0.8742
0.31	0.8779	0.8816	0.8853	0.8890	0.8927	0.8965	0.9002	0.9040	0.9078	0.9116
0.32	0.9154	0.9192	0.9230	0.9269	0.9307	0.9346	0.9385	0.9424	0.9463	0.9502
0.33	0.9542	0.9581	0.9621	0.9661	0.9701	0.9741	0.9782	0.9822	0.9863	0.9904
0.34	0.9945	0.9986	1.003	1.007	1.011	1.015	1.019	1.024	1.028	1.032
0.35	1.036	1.041	1.045	1.049	1.054	1.058	1.063	1.067	1.071	1.076
0.36	1.080	1.085	1.089	1.094	1.098	1.103	1.108	1.112	1.117	1.122
0.37	1.126	1.131	1.136	1.141	1.146	1.150	1.155	1.160	1.165	1.170
0.38	1.175	1.180	1.185	1.190	1.195	1.200	1.206	1.211	1.216	1.221
0.39	1.227	1.232	1.237	1.243	1.248	1.254	1.259	1.265	1.270	1.276
0.40	1.282	1.287	1.293	1.299	1.305	1.311	1.317	1.323	1.329	1.335
0.41	1.341	1.347	1.353	1.359	1.366	1.372	1.379	1.385	1.392	1.398
0.42	1.405	1.412	1.419	1.426	1.433	1.440	1.447	1.454	1.461	1.468
0.43	1.476	1.483	1.491	1.499	1.506	1.514	1.522	1.530	1.538	1.546
0.44	1.555	1.563	1.572	1.580	1.589	1.598	1.607	1.616	1.626	1.635
0.45	1.645	1.655	1.665	1.675	1.685	1.695	1.706	1.717	1.728	1.739
0.46	1.751	1.762	1.774	1.787	1.799	1.812	1.825	1.838	1.852	1.866
0.47	1.881	1.896	1.911	1.927	1.943	1.960	1.977	1.995	2.014	2.034
0.48	2.054	2.075	2.097	2.120	2.144	2.170	2.197	2.226	2.257	2.290
0.49	2.326	2.366	2.409	2.457	2.512	2.576	2.652	2.748	2.878	3.090

付表3 χ² 分布表

$P(\chi^2 \geqq \chi^2{}_n(\alpha)) = \alpha$ となる $\chi^2{}_n(\alpha)$ の値

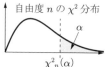

自由度 n の χ^2 分布

$\chi^2{}_n(\alpha)$

n \ α	0.995	0.990	0.975	0.950	0.900	0.500	0.100	0.050	0.025	0.010	0.005
1	0.0^4393	0.0^3157	0.0^3982	0.0^2393	0.0158	0.4549	2.706	3.841	5.024	6.635	7.879
2	0.0100	0.0201	0.0506	0.1026	0.2107	1.386	4.605	5.991	7.378	9.210	10.60
3	0.0717	0.1148	0.2158	0.3518	0.5844	2.366	6.251	7.815	9.348	11.34	12.84
4	0.2070	0.2971	0.4844	0.7107	1.064	3.357	7.779	9.488	11.14	13.28	14.86
5	0.4117	0.5543	0.8312	1.145	1.610	4.351	9.236	11.07	12.83	15.09	16.75
6	0.6757	0.8721	1.237	1.635	2.204	5.348	10.64	12.59	14.45	16.81	18.55
7	0.9893	1.239	1.690	2.167	2.833	6.346	12.02	14.07	16.01	18.48	20.28
8	1.344	1.646	2.180	2.733	3.490	7.344	13.36	15.51	17.53	20.09	21.95
9	1.735	2.088	2.700	3.325	4.168	8.343	14.68	16.92	19.02	21.67	23.59
10	2.156	2.558	3.247	3.940	4.865	9.342	15.99	18.31	20.48	23.21	25.19
11	2.603	3.053	3.816	4.575	5.578	10.34	17.28	19.68	21.92	24.72	26.76
12	3.074	3.571	4.404	5.226	6.304	11.34	18.55	21.03	23.34	26.22	28.30
13	3.565	4.107	5.009	5.892	7.042	12.34	19.81	22.36	24.74	27.69	29.82
14	4.075	4.660	5.629	6.571	7.790	13.34	21.06	23.68	26.12	29.14	31.32
15	4.601	5.229	6.262	7.261	8.547	14.34	22.31	25.00	27.49	30.58	32.80
16	5.142	5.812	6.908	7.962	9.312	15.34	23.54	26.30	28.85	32.00	34.27
17	5.697	6.408	7.564	8.672	10.09	16.34	24.77	27.59	30.19	33.41	35.72
18	6.265	7.015	8.231	9.390	10.86	17.34	25.99	28.87	31.53	34.81	37.16
19	6.844	7.633	8.907	10.12	11.65	18.34	27.20	30.14	32.85	36.19	38.58
20	7.434	8.260	9.591	10.85	12.44	19.34	28.41	31.41	34.17	37.57	40.00
21	8.034	8.897	10.28	11.59	13.24	20.34	29.60	32.67	35.48	38.93	41.40
22	8.643	9.542	10.98	12.34	14.04	21.34	30.81	33.92	36.78	40.29	42.80
23	9.260	10.20	11.70	13.09	14.85	22.34	32.01	35.17	38.08	41.64	44.18
24	9.886	10.86	12.40	13.85	15.66	23.34	33.20	36.42	39.36	42.98	45.56
25	10.52	11.52	13.12	14.61	16.47	24.34	34.38	37.65	40.65	44.31	46.93
26	11.16	12.20	13.84	15.38	17.29	25.34	35.56	38.89	41.92	45.64	48.29
27	11.81	12.88	14.57	16.15	18.11	26.34	36.74	40.11	43.19	46.96	49.64
28	12.46	13.56	15.31	16.93	18.94	27.34	37.92	41.34	44.46	48.28	50.99
29	13.12	14.26	16.05	17.71	19.77	28.34	39.09	42.56	45.72	49.59	52.34
30	13.79	14.95	16.79	18.49	20.60	29.34	40.26	43.77	46.98	50.89	53.67
40	20.71	22.16	24.43	26.51	29.05	39.34	51.81	55.76	59.34	63.69	66.77
50	27.99	29.71	32.36	34.76	37.69	49.33	63.17	67.50	71.42	76.15	79.49
60	35.53	37.48	40.48	43.19	46.46	59.33	74.40	79.08	83.30	88.38	91.95
70	43.28	45.44	48.76	51.74	55.33	69.33	85.53	90.53	95.02	100.4	104.2
80	51.17	53.54	57.15	60.39	64.28	79.33	96.58	101.9	106.6	112.3	116.3
90	59.20	61.75	65.65	69.13	73.29	89.33	107.6	113.1	118.1	124.1	128.3
100	67.33	70.06	74.22	77.93	82.36	99.33	118.5	124.3	129.6	135.8	140.2

付表 4　t 分布表

$P(|T| \geqq t_n(\alpha)) = \alpha$ となる
$t_n(\alpha)$ の値

自由度 n の t 分布

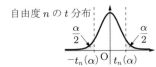

α n	0.500	0.400	0.300	0.200	0.100	0.050	0.020	0.010	0.001
1	1.000	1.376	1.963	3.078	6.314	12.71	31.82	63.66	636.6
2	0.816	1.061	1.386	1.886	2.920	4.303	6.965	9.925	31.60
3	0.765	0.978	1.250	1.638	2.353	3.182	4.541	5.841	12.92
4	0.741	0.941	1.190	1.533	2.132	2.776	3.747	4.604	8.610
5	0.727	0.920	1.156	1.476	2.015	2.571	3.365	4.032	6.869
6	0.718	0.906	1.134	1.440	1.943	2.447	3.143	3.707	5.959
7	0.711	0.896	1.119	1.415	1.895	2.365	2.998	3.499	5.408
8	0.706	0.889	1.108	1.397	1.860	2.306	2.896	3.355	5.041
9	0.703	0.883	1.100	1.383	1.833	2.262	2.821	3.250	4.781
10	0.700	0.879	1.093	1.372	1.812	2.228	2.764	3.169	4.587
11	0.697	0.876	1.088	1.363	1.796	2.201	2.718	3.106	4.437
12	0.695	0.873	1.083	1.356	1.782	2.179	2.681	3.055	4.318
13	0.694	0.870	1.079	1.350	1.771	2.160	2.650	3.012	4.221
14	0.692	0.868	1.076	1.345	1.761	2.145	2.624	2.977	4.140
15	0.691	0.866	1.074	1.341	1.753	2.131	2.602	2.947	4.073
16	0.690	0.865	1.071	1.337	1.746	2.120	2.583	2.921	4.015
17	0.689	0.863	1.069	1.333	1.740	2.110	2.567	2.898	3.965
18	0.688	0.862	1.067	1.330	1.734	2.101	2.552	2.878	3.922
19	0.688	0.861	1.066	1.328	1.729	2.093	2.539	2.861	3.883
20	0.687	0.860	1.064	1.325	1.725	2.086	2.528	2.845	3.850
21	0.686	0.859	1.063	1.323	1.721	2.080	2.518	2.831	3.819
22	0.686	0.858	1.061	1.321	1.717	2.074	2.508	2.819	3.792
23	0.685	0.858	1.060	1.319	1.714	2.069	2.500	2.807	3.768
24	0.685	0.857	1.059	1.318	1.711	2.064	2.492	2.797	3.745
25	0.684	0.856	1.058	1.316	1.708	2.060	2.485	2.787	3.725
26	0.684	0.856	1.058	1.315	1.706	2.056	2.479	2.779	3.707
27	0.684	0.855	1.057	1.314	1.703	2.052	2.473	2.771	3.690
28	0.683	0.855	1.056	1.313	1.701	2.048	2.467	2.763	3.674
29	0.683	0.854	1.055	1.311	1.699	2.045	2.462	2.756	3.659
30	0.683	0.854	1.055	1.310	1.697	2.042	2.457	2.750	3.646
40	0.681	0.851	1.050	1.303	1.684	2.021	2.423	2.704	3.551
50	0.679	0.849	1.047	1.299	1.676	2.009	2.403	2.678	3.496
60	0.679	0.848	1.045	1.296	1.671	2.000	2.390	2.660	3.460
70	0.678	0.847	1.044	1.294	1.667	1.994	2.381	2.648	3.435
80	0.678	0.846	1.043	1.292	1.664	1.990	2.374	2.639	3.416
90	0.677	0.846	1.042	1.291	1.662	1.987	2.368	2.632	3.402
100	0.677	0.845	1.042	1.290	1.660	1.984	2.364	2.626	3.390
∞	0.674	0.842	1.036	1.282	1.645	1.960	2.326	2.576	3.291

付表 5-1　F分布表

$$P(F \geqq F_{m,n}(\alpha)) = \alpha \ \text{となる} \ F_{m,n}(\alpha) \ \text{の値} \quad (\alpha = 0.05)$$

n＼m	1	2	3	4	5	6	7	8	9	10	12	15	20	24	30	40	50	100	∞
1	161.4	199.5	215.7	224.6	230.2	234.0	236.8	238.9	240.5	241.9	243.9	245.9	248.0	249.1	250.1	251.1	251.8	253.0	254.3
2	18.51	19.00	19.16	19.25	19.30	19.33	19.35	19.37	19.38	19.40	19.41	19.43	19.45	19.45	19.46	19.47	19.48	19.49	19.50
3	10.13	9.55	9.28	9.12	9.01	8.94	8.89	8.85	8.81	8.79	8.74	8.70	8.66	8.64	8.62	8.59	8.58	8.55	8.53
4	7.71	6.94	6.59	6.39	6.26	6.16	6.09	6.04	6.00	5.96	5.91	5.86	5.80	5.77	5.75	5.72	5.70	5.66	5.63
5	6.61	5.79	5.41	5.19	5.05	4.95	4.88	4.82	4.77	4.74	4.68	4.62	4.56	4.53	4.50	4.46	4.44	4.41	4.37
6	5.99	5.14	4.76	4.53	4.39	4.28	4.21	4.15	4.10	4.06	4.00	3.94	3.87	3.84	3.81	3.77	3.75	3.71	3.67
7	5.59	4.74	4.35	4.12	3.97	3.87	3.79	3.73	3.68	3.64	3.57	3.51	3.44	3.41	3.38	3.34	3.32	3.27	3.23
8	5.32	4.46	4.07	3.84	3.69	3.58	3.50	3.44	3.39	3.35	3.28	3.22	3.15	3.12	3.08	3.04	3.02	2.97	2.93
9	5.12	4.26	3.86	3.63	3.48	3.37	3.29	3.23	3.18	3.14	3.07	3.01	2.94	2.90	2.86	2.83	2.80	2.76	2.71
10	4.96	4.10	3.71	3.48	3.33	3.22	3.14	3.07	3.02	2.98	2.91	2.85	2.77	2.74	2.70	2.66	2.64	2.59	2.54
11	4.84	3.98	3.59	3.36	3.20	3.09	3.01	2.95	2.90	2.85	2.79	2.72	2.65	2.61	2.57	2.53	2.51	2.46	2.40
12	4.75	3.89	3.49	3.26	3.11	3.00	2.91	2.85	2.80	2.75	2.69	2.62	2.54	2.51	2.47	2.43	2.40	2.35	2.30
13	4.67	3.81	3.41	3.18	3.03	2.92	2.83	2.77	2.71	2.67	2.60	2.53	2.46	2.42	2.38	2.34	2.31	2.26	2.21
14	4.60	3.74	3.34	3.11	2.96	2.85	2.76	2.70	2.65	2.60	2.53	2.46	2.39	2.35	2.31	2.27	2.24	2.19	2.13
15	4.54	3.68	3.29	3.06	2.90	2.79	2.71	2.64	2.59	2.54	2.48	2.40	2.33	2.29	2.25	2.20	2.18	2.12	2.07
16	4.49	3.63	3.24	3.01	2.85	2.74	2.66	2.59	2.54	2.49	2.42	2.35	2.28	2.24	2.19	2.15	2.12	2.07	2.01
17	4.45	3.59	3.20	2.96	2.81	2.70	2.61	2.55	2.49	2.45	2.38	2.31	2.23	2.19	2.15	2.10	2.08	2.02	1.96
18	4.41	3.55	3.16	2.93	2.77	2.66	2.58	2.51	2.46	2.41	2.34	2.27	2.19	2.15	2.11	2.06	2.04	1.98	1.92
19	4.38	3.52	3.13	2.90	2.74	2.63	2.54	2.48	2.42	2.38	2.31	2.23	2.16	2.11	2.07	2.03	2.00	1.94	1.88
20	4.35	3.49	3.10	2.87	2.71	2.60	2.51	2.45	2.39	2.35	2.28	2.20	2.12	2.08	2.04	1.99	1.97	1.91	1.84
21	4.32	3.47	3.07	2.84	2.68	2.57	2.49	2.42	2.37	2.32	2.25	2.18	2.10	2.05	2.01	1.96	1.94	1.88	1.81
22	4.30	3.44	3.05	2.82	2.66	2.55	2.46	2.40	2.34	2.30	2.23	2.15	2.07	2.03	1.98	1.94	1.91	1.85	1.78
23	4.28	3.42	3.03	2.80	2.64	2.53	2.44	2.37	2.32	2.27	2.20	2.13	2.05	2.01	1.96	1.91	1.88	1.82	1.76
24	4.26	3.40	3.01	2.78	2.62	2.51	2.42	2.36	2.30	2.25	2.18	2.11	2.03	1.98	1.94	1.89	1.86	1.80	1.73
25	4.24	3.39	2.99	2.76	2.60	2.49	2.40	2.34	2.28	2.24	2.16	2.09	2.01	1.96	1.91	1.87	1.84	1.78	1.71
30	4.17	3.32	2.92	2.69	2.53	2.42	2.33	2.27	2.21	2.16	2.09	2.01	1.93	1.89	1.84	1.79	1.76	1.70	1.62
40	4.08	3.23	2.84	2.61	2.45	2.34	2.25	2.18	2.12	2.08	2.00	1.92	1.84	1.79	1.74	1.69	1.66	1.59	1.51
50	4.03	3.18	2.79	2.56	2.40	2.29	2.20	2.13	2.07	2.03	1.95	1.87	1.78	1.74	1.69	1.63	1.60	1.52	1.44
100	3.94	3.09	2.70	2.46	2.31	2.19	2.10	2.03	1.97	1.93	1.85	1.77	1.68	1.63	1.57	1.52	1.48	1.39	1.28
∞	3.84	3.00	2.60	2.37	2.21	2.10	2.01	1.94	1.88	1.83	1.75	1.67	1.57	1.52	1.46	1.39	1.35	1.24	1.00

自由度 (m, n) の F 分布

付表 5–2 F 分布表

$P(F \geq F_{m,n}(\alpha)) = \alpha$ となる $F_{m,n}(\alpha)$ の値 $(\alpha = 0.025)$

m \ n	1	2	3	4	5	6	7	8	9	10	12	15	20	24	30	40	50	100	∞
1	647.8	799.5	864.2	899.6	921.8	937.1	948.2	956.7	963.3	968.6	976.7	984.9	993.1	997.2	1001.4	1005.6	1008.1	1013.2	1018.3
2	38.51	39.00	39.17	39.25	39.30	39.33	39.36	39.37	39.39	39.40	39.41	39.43	39.45	39.46	39.46	39.47	39.48	39.49	39.50
3	17.44	16.04	15.44	15.10	14.88	14.73	14.62	14.54	14.47	14.42	14.34	14.25	14.17	14.12	14.08	14.04	14.01	13.96	13.90
4	12.22	10.65	9.98	9.60	9.36	9.20	9.07	8.98	8.90	8.84	8.75	8.66	8.56	8.51	8.46	8.41	8.38	8.32	8.26
5	10.01	8.43	7.76	7.39	7.15	6.98	6.85	6.76	6.68	6.62	6.52	6.43	6.33	6.28	6.23	6.18	6.14	6.08	6.02
6	8.81	7.26	6.60	6.23	5.99	5.82	5.70	5.60	5.52	5.46	5.37	5.27	5.17	5.12	5.07	5.01	4.98	4.92	4.85
7	8.07	6.54	5.89	5.52	5.29	5.12	4.99	4.90	4.82	4.76	4.67	4.57	4.47	4.41	4.36	4.31	4.28	4.21	4.14
8	7.57	6.06	5.42	5.05	4.82	4.65	4.53	4.43	4.36	4.30	4.20	4.10	4.00	3.95	3.89	3.84	3.81	3.74	3.67
9	7.21	5.71	5.08	4.72	4.48	4.32	4.20	4.10	4.03	3.96	3.87	3.77	3.67	3.61	3.56	3.51	3.47	3.40	3.33
10	6.94	5.46	4.83	4.47	4.24	4.07	3.95	3.85	3.78	3.72	3.62	3.52	3.42	3.37	3.31	3.26	3.22	3.15	3.08
11	6.72	5.26	4.63	4.28	4.04	3.88	3.76	3.66	3.59	3.53	3.43	3.33	3.23	3.17	3.12	3.06	3.03	2.96	2.88
12	6.55	5.10	4.47	4.12	3.89	3.73	3.61	3.51	3.44	3.37	3.28	3.18	3.07	3.02	2.96	2.91	2.87	2.80	2.73
13	6.41	4.97	4.35	4.00	3.77	3.60	3.48	3.39	3.31	3.25	3.15	3.05	2.95	2.89	2.84	2.78	2.74	2.67	2.60
14	6.30	4.86	4.24	3.89	3.66	3.50	3.38	3.29	3.21	3.15	3.05	2.95	2.84	2.79	2.73	2.67	2.64	2.56	2.49
15	6.20	4.77	4.15	3.80	3.58	3.41	3.29	3.20	3.12	3.06	2.96	2.86	2.76	2.70	2.64	2.59	2.55	2.47	2.40
16	6.12	4.69	4.08	3.73	3.50	3.34	3.22	3.12	3.05	2.99	2.89	2.79	2.68	2.63	2.57	2.51	2.47	2.40	2.32
17	6.04	4.62	4.01	3.66	3.44	3.28	3.16	3.06	2.98	2.92	2.82	2.72	2.62	2.56	2.50	2.44	2.41	2.33	2.25
18	5.98	4.56	3.95	3.61	3.38	3.22	3.10	3.01	2.93	2.87	2.77	2.67	2.56	2.50	2.44	2.38	2.35	2.27	2.19
19	5.92	4.51	3.90	3.56	3.33	3.17	3.05	2.96	2.88	2.82	2.72	2.62	2.51	2.45	2.39	2.33	2.30	2.22	2.13
20	5.87	4.46	3.86	3.51	3.29	3.13	3.01	2.91	2.84	2.77	2.68	2.57	2.46	2.41	2.35	2.29	2.25	2.17	2.09
21	5.83	4.42	3.82	3.48	3.25	3.09	2.97	2.87	2.80	2.73	2.64	2.53	2.42	2.37	2.31	2.25	2.21	2.13	2.04
22	5.79	4.38	3.78	3.44	3.22	3.05	2.93	2.84	2.76	2.70	2.60	2.50	2.39	2.33	2.27	2.21	2.17	2.09	2.00
23	5.75	4.35	3.75	3.41	3.18	3.02	2.90	2.81	2.73	2.67	2.57	2.47	2.36	2.30	2.24	2.18	2.14	2.06	1.97
24	5.72	4.32	3.72	3.38	3.15	2.99	2.87	2.78	2.70	2.64	2.54	2.44	2.33	2.27	2.21	2.15	2.11	2.02	1.94
25	5.69	4.29	3.69	3.35	3.13	2.97	2.85	2.75	2.68	2.61	2.51	2.41	2.30	2.24	2.18	2.12	2.08	2.00	1.91
30	5.57	4.18	3.59	3.25	3.03	2.87	2.75	2.65	2.57	2.51	2.41	2.31	2.20	2.14	2.07	2.01	1.97	1.88	1.79
40	5.42	4.05	3.46	3.13	2.90	2.74	2.62	2.53	2.45	2.39	2.29	2.18	2.07	2.01	1.94	1.88	1.83	1.74	1.64
50	5.34	3.97	3.39	3.05	2.83	2.67	2.55	2.46	2.38	2.32	2.22	2.11	1.99	1.93	1.87	1.80	1.75	1.66	1.55
100	5.18	3.83	3.25	2.92	2.70	2.54	2.42	2.32	2.24	2.18	2.08	1.97	1.85	1.78	1.71	1.64	1.59	1.48	1.35
∞	5.02	3.69	3.12	2.79	2.57	2.41	2.29	2.19	2.11	2.04	1.94	1.83	1.71	1.64	1.57	1.48	1.43	1.30	1.00

索 引

工学系数学教材研究会

執筆者（五十音順）

阿蘇　和寿　石川工業高等専門学校名誉教授

梅野　善雄　一関工業高等専門学校名誉教授

大貫　洋介　鈴鹿工業高等専門学校准教授

古城　克也　新居浜工業高等専門学校教授

佐藤　巌　小山工業高等専門学校名誉教授

佐藤　義隆　東京工業高等専門学校名誉教授

高田　功　明石工業高等専門学校教授

中谷　実伸　福井工業高等専門学校教授

長水　壽寛　福井工業高等専門学校教授

堀内　史朗　阪南大学教授

馬渕　雅生　八戸工業高等専門学校教授

柳井　忠　新居浜工業高等専門学校名誉教授

渡利　正弘　芝浦工業大学特任教授/クアラルン
　　　　　　プール大学講師

（所属および肩書きは 2023 年 6 月現在のものです）

監修者

上野　健爾　京都大学名誉教授・四日市大学関孝和数学研究所長
　　　　　　理学博士

編集委員（五十音順）

阿蘇　和寿　石川工業高等専門学校名誉教授

梅野　善雄　一関工業高等専門学校名誉教授

佐藤　義隆　東京工業高等専門学校名誉教授

長水　壽寛　福井工業高等専門学校教授［執筆代表］

堀内　史朗　阪南大学教授

馬渕　雅生　八戸工業高等専門学校教授

柳井　忠　　新居浜工業高等専門学校名誉教授

工学系数学テキストシリーズ
確率統計（第2版）

2016 年 11 月 30 日　第 1 版第 1 刷発行
2022 年 8 月 25 日　第 1 版第 4 刷発行
2023 年 6 月 30 日　第 2 版第 1 刷発行
2024 年 8 月 26 日　第 2 版第 2 刷発行

編者　　　　工学系数学教材研究会

編集担当　　太田陽喬（森北出版）
編集責任　　上村紗帆（森北出版）
組版　　　　ウルス
印刷　　　　丸井工文社
製本　　　　同

発行者　　　森北博巳
発行所　　　森北出版株式会社
　　　　　　〒102-0071　東京都千代田区富士見 1-4-11
　　　　　　03-3265-8342（営業・宣伝マネジメント部）
　　　　　　https://www.morikita.co.jp/

© 工学系数学教材研究会，2023
Printed in Japan
ISBN978-4-627-05752-4